高 等 院 校 设 计 学 通 用 教 材

园林植物景观设计

窦小敏 编著

清華大学出版社

北京

图书在版编目（CIP）数据

园林植物景观设计／窦小敏编著 . —北京：清华大学出版社，2019（2024.8 重印）
（高等院校设计学通用教材）
ISBN 978-7-302-52222-5

I. ①园…　　II. ①窦…　　III. ①园林植物－景观设计－高等学校－教材　　IV. ① TU986.2

中国版本图书馆 CIP 数据核字（2019）第 018382 号

责任编辑：纪海虹
封面设计：曾盛旗　代福平
责任校对：王荣静
责任印制：杨　艳

出版发行：清华大学出版社
　　　　　网　　　址：https://www.tup.com.cn，https://www.wqxuetang.com
　　　　　地　　　址：北京清华大学学研大厦A座　　　　邮　　编：100084
　　　　　社 总 机：010-83470000　　　　　　　　　　邮　　购：010-62786544
　　　　　投稿与读者服务：010-62776969，c-service@tup.tsinghua.edu.cn
　　　　　质 量 反 馈：010-62772015，zhiliang@tup.tsinghua.edu.cn
印 装 者：涿州汇美亿浓印刷有限公司
经　　销：全国新华书店
开　　本：185mm×260mm　　印　张：10　　　字　数：188千字
版　　次：2019年5月第1版　　　　　　　　　　　印　次：2024年8月第5次印刷
定　　价：68.00元

产品编号：080411-02

序一

2011年4月，国务院学位委员会发布了《学位授予和人才培养学科目录（2011年)》，设计学升列为一级学科。设计学不复使用"艺术设计"（本科专业目录曾用）和"设计艺术学"（研究生专业目录曾用）这样的名称，而直接就用"设计学"。这是设计学科一次重要的变革。从工艺美术到设计艺术（或艺术设计)，再到设计学，学科名称的变化反映了人们对这门学科认识的深化。设计学成为一级学科，意味着我国设计领域的很多学术前辈期盼的"构建设计学"之路开始了真正的起步。

事实上，在今天，设计学已经从有相对完整教学体系的应用造型艺术学科发展成与商学、工学、社会学、心理学等多个学科紧密关联的交叉学科。设计教育也面临着新的转型。一方面，学科原有的造型艺术知识体系应不断反思和完善；另一方面，其他学科的知识也陆续进入了设计学的视野，或者说其他学科也拥有了设计学的视野。这个视野，用赫伯特·西蒙（Herbert Simon）的话说就是："凡是以将现存情形改变成想望情形为目标而构想行动方案的人都是在做设计。生产物质性的人工物的智力活动与为病人开药方、为公司制订新销售计划或为国家制订社会福利政策等这些智力活动并无根本不同。"（Everyone designs who devises courses of action aimed at changing existing situations into preferred ones. The intellectual activity that produces material artifacts is no different fundamentally from the one that prescribes remedies for a sick patient or the one that devises a new sale plan for a company or a social welfare policy for a state.）

江南大学的设计学科自1960年成立以来，积极推动中国现代设计教育改革，曾三次获国家教学成果奖。在国内率先实施"艺工结合"的设计教育理念、提出"全面改革设计教育体系，培养设计创新人才"的培养体系，实施"跨学科交叉"的设计教育模式。从2012年开始，举办"设计教育再设计"系列国际会议，积极倡导"大设计"教育理念，将国内设计教育改革同国际前沿发展融为一体，推动设计教育改革进入新阶段。

在教学改革实践中，教材建设非常重要。本系列教材丛书由江南大学设计学院组织编写。丛书既包括设计通识教材，也包括设计专业教材；既注重课程的历史特色积累，也力求反映课程改革的新思路。

当然，教材的作用不应只是提供知识，还要能促进反思。学习做设计，也是在学习做人。这里的"做人"，不是道德层面的，而是指发挥出人有别于动物的主动认识、主动反思、独立判断、合理决策的能力。虽说这些都应该是人的基本素质，但是在应试教育体制下，做起来却又那么的难，因为大多数时候我们没有被赋予做人的机会。大学教育应当使每个学生作为人而成为人。因此，请读者带着反思和批判的眼光来阅读这套丛书。

清华大学出版社的甘莉老师、纪海虹老师为这套丛书的问世付出了热忱、睿智、辛勤的劳动，在此深表感谢！

高等院校设计学通用教材丛书主编
江南大学设计学院院长、教授、博士生导师
辛向阳
2014年5月1日

序二

中国设计教育改革伴随着国家改革开放的大潮奔涌前进，日益融合国际设计教育的前沿视野，日益汇入人类设计文化创新的海洋。

我从无锡轻工业学院造型系（现在的江南大学设计学院）毕业留校任教，至今已有40年了，亲自经历了中国设计教育改革的波澜壮阔和设计学科发展的推陈出新，深深感到设计学科的魅力在于它将人的生活理想和实现方式紧密结合起来，不断推动人类生活方式的进步。因此，这门学科的特点就是面向生活的开放性、交叉性和创新性。

与设计学科的这种特点相适应，设计学科的教材建设就体现为一种不断反思和超越的过程。一方面，要不断地反思过去的生活理想，反思曾经遇到的问题，反思已有的设计理论，反思已有的设计实践；另一方面，要不断将生活中的新理想、现实中的新问题、设计中的新思考、实践中的新成果吸纳进来，实现对设计学已有知识的超越。因此，设计教材所应该提供的，与其说是相对固定的设计知识点，不如说是变化着的设计问题和思考。这就要求教材的编写者花费很大的脑力劳动，才能收到实效，编写出反映时代精神的有价值的教材。这也是丛书编委会主任辛向阳教授和我对这套丛书的作者提出的诚恳希望。

这套教材命名为"高等院校设计学通用教材丛书"，意在强调一个目标，即书中内容对设计人才培养的普遍有效性。因此从专业分类角度看，丛书适用于设计学各专业，从人才培养类型角度看，也适用于本科、专科和各类设计培训。

丛书的作者主要是来自江南大学设计学院的教师和校友。他们发扬江南大学设计教育改革的优良传统，在设计教学、科研和社会服务方面各显特色，积累了丰富的成果。相信有了作者的高质量脑力劳动，读者是会开卷有益的。

清华大学出版社的甘莉老师是这套丛书最初的策划人和推动者，责任编辑纪海虹老师在丛书从选题到出版的整个过程中付出了细致艰辛的劳动。在此向这两位致力于推进中国设计教育改革的出版界专家致以诚挚的敬意和深深的感谢！

书中的缺点错误，恳望读者不吝指出。谢谢！

高等院校设计学通用教材丛书编委会副主任
江南大学设计学院教授、教学督导
无锡太湖学院设计学院院长

陈新华
2014 年 7 月 1 日

目 录

第1章 绪论

即使单独的一棵欠妥的植物也能改变或者毁掉景观的视觉质量，甚至破坏景观的生态平衡。相反，在变单调贫瘠的场地为更适用、舒适和愉悦的过程中，精心考虑的种植设计却能起到很大作用。

——约翰·O.西蒙兹（John O. Simonds）

园林植物是景观要素中重要的自然要素，它是有生命的，是不断生长变化的。它与其他自然要素之间存在着密切联系并相互作用。在环境景观的构成要素中，植物作为软质材料，在营造景观效果方面发挥着重要的作用。植物除了能创造人类优美舒适的生活环境外，更重要的是能创造适合于人类的生态环境。

随着世界人口密度的增加、人们生活节奏的加快，人们离自然越来越远。城市中建筑林立，工业三废正在污染我们的环境，城市温室效应愈来愈明显，人类所赖以生存的生态环境日趋恶化（图1-1）。只有重视生态环境，保护植物资源，才能实现植物资源环境、生态的可持续发展。因此，现代景观以植物造景为主已成为世界园林发展的新趋势。

1.1 园林植物景观的概念及类型

1.1.1 相关概念

1. 园林植物（Garden Plant）

园林植物也叫观赏植物，是园林景观中重要的构成要素之一。它通常指人工栽培的、可应用于室内外环境布置和装饰的，具有观赏、组景、分隔空间、装饰、庇荫、防护、覆盖地面等用途的植物总称。

2. 植物景观（Planting the landscape）

植物景观主要指由自然界的植被、植物群落、植物个体所表现出来的形象，通过人们的感观传到大脑皮层，产生一种实在的、美的感受和联想。植物景观一词也包括人工的，即运用植物题材来创作的景观。

图1-1 生态环境的日趋恶化

3.园林植物景观（Garden plant landscape）

人工植物景观是在园林环境中通过人工栽培植物群落及园林植物个体的观赏特性而产生美的感受和联想的植物景观。受地区自然气候、土壤及其他环境生态条件的制约，以及当地群众喜闻乐见的习俗的影响，植物景观形成了不同的地方风格。

4.园林植物景现设计（Landscape planting design）

根据园林总体设计的布局要求，运用不同种类的园林植物，按照科学性和艺术性的原则，合理布置安排各种种植类型的过程与方法。成功的园林植物景观设计既要考虑植物自身的生长发育规律、植物与生境及其他物种间的生态关系，又要满足景观功能需要，符合园林艺术构图原理及人们的审美需求，创造出各种优美、实用的园林空间环境，以充分发挥园林综合功能和作用，尤其是产生生态效益，使人居环境得以改善。

1.1.2　园林植物景观类型

自然界中植物生长规律及稳定的植物群落是受到气候、环境、生物、人类和生态条件的长期综合作用而形成的。因此，充分把握植物的生态位、地域性和文化性是园林植物景观营造的首要条件。

1.地域与园林植物景观类型

植物景观设计应该根据不同地域环境气候条件来选择适合生长的植物种类，营造具有地方特色的植物景观。

1）不同气候带植物景观

植物生态习性的不同及各地气候条件的差异，使得植物的分布呈现地域性。不同地域环境形成不同的植物景观，如热带雨林及阔叶常绿林植物景观、暖温带针阔叶混交林植物景观、温带针叶林植物景观等都具有不同的特色。中国各气候带的植物景观分类如下。

（1）寒温带针叶林景观

寒温带主要包括黑龙江、内蒙古北部地区。构成针叶林景观的主要乔木有兴安落叶松、西伯利亚冷杉、云杉、白桦、堰松等。植物景观结构简单，一般以乔木、草坪地被为主，中间灌木层植物种类较少（图 1-2 至图 1-5）。

（2）温带针阔叶混交林景观

温带主要包括吉林东部、辽宁北部、哈尔滨、牡丹江、佳木斯、长春、黑龙江。景观林主要由落叶松、红松、紫杉等针叶树种，白桦、山杨等阔叶乔木，黄檗、忍冬、杜鹃花等小乔木或灌木，北五味

图 1-2　金河偃松林景园

图 1-3　额尔古纳湿地公园

图 1-4　依克萨玛国家森林公园，位于素有"高寒禁区"的大兴安岭北部山脉

图 1-5　中国现存的唯一一片寒温带明亮针叶原始林，有"中国最大的森林氧吧"之称

子、半钟铁线莲等藤本植物及长白罂粟、高山红景天、白山龙胆等高山野生花卉构成。较寒温带针叶林灌木增多，但群落结构仍较简单，层次不够丰富（图 1-6、图 1-7）。

（3）暖温带阔叶林景观

暖温带主要包括辽宁、河北、陕西、河南北部、陕西中部、甘肃南部、山东、江苏北部、安徽北部。该区地带性森林植被是落叶阔叶林，多以落

图 1-6　长白山红松阔叶混交林

图 1-7　以红松为主的针阔叶混交林，是东北地区最有代表性的森林类型

叶栎类为主。受人与自然因素的影响，针叶林多为人工林，桃、杏、苹果、梨等果树分布较多；灌丛种类以金露梅、头状杜鹃、高山绣线菊最为常见，呈灌丛小斑块状分布；亚高山草甸种类较丰富，以禾本科、莎草科、菊科、百合科等种类为主，单优群落很少，景观林层次较为丰富（图 1-8、图 1-9）。

（4）亚热带常绿阔叶林景观

亚热带包括江苏、安徽、河南南部、陕西南部、四川东南部、云南、贵州、湖南、湖北、江西、浙江、福建、广东、台湾北部等地。自然景观中常绿阔叶林占绝对优势，山毛榉科、山茶科、木兰科、金缕梅科、樟科、竹类资源丰富（图 1-10、图 1-11）。

（5）热带雨林景观

热带包括中国云南、广西、广东、台湾等地的南部地区。植物种类极为丰富，棕榈科、木棉科、无患子科、山龙眼科等树种分布较多。林内植物种类繁多、层次结构复杂，易出现层间层、绞杀层、板根现象、附生景观，林下有极耐阴的灌木、大叶草本植物和大型蕨类植物（图 1-12、图 1-13）。

（6）温带草原景观

中国温带草原区域主要分布在松辽平原、内蒙古高原、黄土高原等地。代表植物为密丛禾本科植物，此外，豆科、莎草科、菊科、藜科及百合科植物也较为常见。草原中野生植物资源丰富，牧草、纤维、药用植物种类

图 1-8　暖温带落叶阔叶林为地带性植被（河北棋盘山生态森林）

图 1-9　植物垂直带谱明显，山体顶部为乔木、灌木和草甸，中下部以乔木为主

图 1-10　中亚热带常绿阔叶林国家级自然保护区（贵州习水）

图 1-11　以中亚热带常绿阔叶林森林生态系统为主要保护对象的森林和野生动物类自然保护区

图 1-12　西双版纳热带雨林自然保护区

图 1-13　世界上唯一保存完好、连片大面积的热带森林

众多（图 1-14、图 1-15）。

（7）温带荒漠植物景观

中国温带荒漠区域包括准噶尔盆地、塔里木盆地、柴达木盆地、阿拉善高平原及内蒙古自治区鄂尔多斯台地西部。荒漠植被以藜科植物最常见，其次是篙类、怪柳、沙拐枣等，一般都是小型的旱生半灌木。胡杨、灰杨、沙拐枣可作土木建筑材料，此外温带荒漠中还分布有饲草、药用植物、农作物等（图 1-16、图 1-17）。

（8）青藏高原高寒植被景观

青藏高原植物种类并不匮乏，高原东侧、川西、滇北及高原南侧横断山脉地区以针阔叶混交林为主，间或分布寒性针叶林和亚热带温性阔叶林。主要优势树种为高山松、云杉、冷杉等；灌丛多为肉质多刺类和高寒灌丛，主要建群种有蔷薇、金露梅、杜鹃花、高山柳、圆柏等；草甸植被主要有蒿草、羊茅、芒草等植物（图 1-18、图 1-19）。

2）不同地域文化植物景观

文化具有一定的时代性，植物景观中的文化也应当与时俱进。应根据当今社会的发展形势和文化背景，在传统文化的基础上创造出具有当代文化特色的植物景观，把时代所赋予的植物文化内涵与城市园林景观有机地融为一体。

（1）地域文化与特色植物

园林植物形成地域景观特色，可以凸显当地城市景观的个性和地域特点，使植物特色与城市印象对应起来。中国北京的槐和侧柏有身份地位

图 1-14　内蒙古草原景观

图 1-15　以杂草类为主的草甸群落

图 1-16　鄂尔多斯大草原植物景观

图 1-17　塔里木盆地植物景观

图 1-18　南迦巴瓦峰高寒植被景观

图 1-19　绿苔般的草甸为或缓或陡的山坡铺上一层绿毯（从海拔600 米以下类似雨林的低山常绿季风雨林带，到海拔 4000 多米处的高山冰缘植被带）

象征、肃穆之意，尤其槐树，不分大街小巷，不分何种人家，到处都有栽着。公园名胜，街巷庭院，北京总离不开槐树，贵到紫禁城里的"蟠龙槐"，古到北海画舫古柯亭距今 1300 多年的"唐槐"，近到 1935 年至 1938 年遍植的"行道树"（图 1-20、图 1-21）。

图 1-20　槐柏合抱（北京中山公园）　　图 1-21　千岁唐槐"槐中槐"（北京景山公园）

　　运用具有地方特色的植物材料营造植物景观对弘扬地方文化、陶冶人们的情操具有重要意义，市花市树、乡土植物、古树名木等都是特色植物与地域文化融合的体现。

　　（2）不同地域文化林型景观

　　中国地域辽阔，气候迥异，植物群落受地理和气候条件的影响。各地在漫长的植物栽培和应用观赏中形成了具有地方特色的植物景观，与当地的文化融为一体，在不同的地区形成许多具有强烈艺术感染力的林型景观，给人们以自然美的享受（图 1-22）。

　　2. 绿地类型与园林植物景观

　　绿地具有多重生态服务功能，对城市和乡村环境的改善具有重要作用。人们不仅需要绿地调节小气候、释氧固碳、吸收有毒有害物质、提供锻炼、休憩场所等单项服务功能，更加希望绿地能成为整个城市和乡村生态系统的有机组成部分，构成系统健康的人居生活环境，维护城市与乡村的生态安全。

图 1-22　乔木林特选了东方杉——上海唯一独立知识产权的植物，回归了上海的本土文化（上海世博公园）

上海世博公园是世博园区的核心绿地，也是会展后上海的永久绿地。绿化配置采用了大乔木、花灌木、草坪的搭配，剔除了小乔木等中层植物，保证了大量人流休息停留的场地，同时，扇骨状的布局方式回归了公园的本质，是世博的绿地＋中心城区的绿地＋滨水的绿地。扇骨的乔木林，引导夏季主导风向从黄浦江吹向城区，改善了地区的微气候，回归了环境气候需求的本质（图1-23、图1-24）。

1）综合型城市绿地植物景观

（1）城市绿地分类

根据《城市绿地分类标准CJJT—85—2002》，城市绿地景观分为应用大类、中类、小类三个层次，按功能要求对应城市用地分类可将城市绿地划分为公园绿地、生产绿地、附属绿地、防护绿地及其他绿地五大类。其中公园绿地包括综合公园（全市性公园、区域性公园）、社区公园（居住区公园、小区游园）、专类公园、带状公园、街旁绿地；附属绿地可分为居住绿地、公共设施绿地、工业绿地、仓储绿地、对外交通绿地、道路绿

图1-23 公园建于优美的湖滨，使公园融入整个大自然中（上海世博公园）

图1-24 林间辽阔的草坪供人们休息停留

地、市政设施绿地及特殊绿地；专类公园包括儿童公园、动物园、植物园、历史名园、风景名胜公园及游乐公园。

（2）各类绿地植物景观要求

①市、区级综合公园

设施较为完备、规模较大、标准较高，如露天剧场、音乐厅、俱乐部、陈列馆、游泳池、溜冰场、茶室、餐馆等。国内功能分区较明确，如文体活动区、游憩娱乐区、儿童游戏区、动植物展览区、园务管理区等；植物景观要求自然风景优美，植物种类丰富多样，注重林相美、季相美、层次美，既要有开阔的疏林草地供人们游憩，也要配置浓郁林地营造各种活动空间（图1-25、图1-26）。

②儿童公园

儿童公园是为儿童提供玩乐的场所，其服务对象主要是儿童及携带儿童的成年人。公园中一切娱乐设施，运动器械及建筑物等首先要考虑到儿童活动的安全性，一般要求高度适宜、色彩鲜明、造型活泼、装饰丰富；植物选择首先要考虑无刺、无毒等安全性，其次是叶、花、果形奇特，色彩鲜艳等，配置要求强化造型、模式灵活多样（图1-27至图1-30）。

③动物园

动物园是集中饲养和展览种类较多的野生动物及品种优良的农禽、家畜的城市公园的一种。植物选择与景观设计要有利于创造良好的动物生活环境以及特色植物景观和游人参观游憩的良好环境。如猴山附近布置花果桃、李、杨梅、金橘等，供猴子嬉戏；熊猫展示区配置竹景观；鸣禽类展示区栽植桂花、碧桃等花灌木营造鸟语花香意境等（图1-31、图1-32）。

④植物园

植物园展示的种植设计要将各类植物展览区的主题内容和植物引种

图1-25　公园是市民节假日休憩的佳处，开阔的草地提供了交流的空间（上海世纪公园）

图1-26　公园内的梅花展览区，利用梅花早春繁密的花朵丰富公园内的春景

图1-27　草坪与滑梯的结合安全美观（广州天河儿童公园）

图1-28　卡通花坛色彩鲜艳，主题鲜明活泼（上海迪士尼乐园）

图1-29　德国HeidePark儿童乐园

图1-30　花盆组材主要为鳞叶菊、宛菊、矾根和褐叶狼尾草，植物颜色、层次和周围器皿环境搭配协调

图1-31　鸣禽类展示区栽植花灌木营造鸟语花香意境，给动物创造一个近乎自然的生活环境

图1-32　熊猫展示区配置竹景观

图1-33　在水岸种植各种水生植物，再配上竹林环绕，丰富了安静休息区的空间（成都望江公园）

图1-34　园内的刚竹姿态万千

　　驯化成果、科普教育、园林艺术相结合，既要体现科普、科研价值，又要起到绿化、美化等功能方面的作用。现代景观植物培育技术日新月异，也成为植物园展示的一项重要内容，可供游人通过参与来体验园林植物形象、意境之外的生命之美。如成都望江公园，是以竹景为主的公园，以乡土竹种——慈竹为主，辅以刚竹、毛竹、观音竹、苦竹、孝顺竹、佛肚竹、箬竹等，形成美丽的竹景特色（图1-33、图1-34）；上海植物园园内分植物进化、环境保护、人工生态、绿化示范四个展示区，各区下又分若干小区。各小

区以专类植物为主景，配以园林建筑小品，形成不同意境的园林景观和植物季相特色的山水园（图 1-35、图 1-36）。此外，世界各地植物园，亦是以植物为观赏主景（图 1-37）。

图 1-35 曲折的园路，把全园分隔成不同的植物区（上海植物园）

图 1-36 将不同花色、花期的草本花卉种植在一起，营造出繁花似锦的效果

图 1-37 凤凰城沙漠植物园中的沙漠景观（通过重组，美丽的植物标本在园中汇集，十分美丽壮观）（美国）

⑤体育公园

体育公园是城市公园中比较特殊的一类，要求既有符合一定技术标准的体育运动设施又有较充分的绿化布置，主要是供进行各类体育运动比赛和练习时使用，同时可供运动员和群众游憩。在绿化设计上，要注意不妨碍比赛及观众的视线，尽量少选择早落叶、种子飞扬之类不利于场地清洁卫生的树种，可以多布置大面积的草坪（图 1-38、图 1-39）。如美国，迷你高尔夫球场在各大体育公园中十分常见，由于场地有限，迷你高尔夫球场很难实现标准高尔夫球场开阔、地形多变且植物景观丰富的效果。设计师通过将低矮的灌丛状植物植于石砾之上，使人联想起丘陵景观。沙滩排球场周边种植棕榈植物，烘托出浓郁的热带海滨氛围，躺在凉爽的茅草亭中，更让人犹如亲临海滩一般。而小轮车（BMX）场地则选用造型简单、质感粗硬的植物加强了粗犷、狂野的感觉，场地中间低矮的地被、裸露的沙石，与崎岖不平的车道相呼应，重现了在野外挑战小轮车的真实感（图 1-40、图 1-41）。

图 1-38 滑板公园（西班牙）

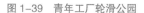

图 1-39 青年工厂轮滑公园 | 图 1-40 迷你高尔夫球场（美国）

图 1-41 小轮车运动场地

⑥纪念性园林

纪念性园林是一种以革命活动故地、烈士陵墓、历史名人活动旧址及墓址为中心的园林绿地，供人们瞻仰、凭吊及游览休息的园林，如唐山地震遗址纪念公园等。绿化种植上应优先考虑常绿树种，配合有象征意义的建筑小品、雕塑，从而构建庄严、肃穆的环境空间（图 1-42、图 1-43）。

图 1-42 唐山地震遗址纪念公园 | 图 1-43 "树"的设计在表达纪念性上起到"点睛"的作用

⑦风景名胜园林

风景名胜园林是指具有悠久历史文化、较高艺术水平和欣赏、传承价值的大面积的自然风景名胜区的园林绿化，如寄畅园、拙政园、锡惠公园等。它的绿化功能既要满足植被与生态系统的完整性，又要考虑传统特色和自然景观要求。避免传统绿化行为对自然的恣意改造，强调将多种类、各具优势的乡土树种与引进植物相宜配置，营造多种类树种共生的自然群落，使得名胜区资源价值的实现处于最优状态（图 1-44 至图 1-46）。

⑧游憩林荫带

游憩林荫带是城市中有相当宽度的带状公共绿地，供城市居民休息游览之用，具有防尘、降噪和美化环境的功能，还可以起到连接块状绿化和点状绿化的桥梁作用。一般布置有开花灌木、植篱、花坛、喷泉、花架、亭、廊、座椅等，还可设置小型餐厅、茶室、小卖部、摄影部、休息亭廊、雕塑等服务设施（图 1-47 至图 1-49）。

⑨市民广场

市民广场有"城市客厅"之称，具有休闲、集会等功能。场地面积要足够大，一般要求硬质铺装，绿化以规则式为主，以矩阵式树木栽植和图案式地被种植居多。绿化还应注意树木的围合，以形成广场边缘绿色柔和的垂直界面，重要节点布置节点景观，节日时可点缀时令花卉，强调广场的空间感和整体感（图 1-50、图 1-51）。

⑩居住绿地

居住绿地是居住用地的一部分。居住区绿化是城市绿化的一部分，绿化质量与市民切身利益息息相关，高水平的绿化环境能够为居民提供良好舒适的生活场所。绿地位置接近居民，便于居民日常休息及短时间利用，居民使用频率很高，其功能可改善居住区的环境卫生和小气候，美化环境，为居民户外活动、体育锻炼、儿童游戏等创造良好条件。居住区绿化所选的植物本身不能产生污染，忌用有毒、有尖刺、有异味、易引起过敏的植物，而应选无飞毛、飞絮、少花粉的景观植物，适地适树，尽量保护原有树种（图 1-52、图 1-53）。

图 1-44 乡土树种与园林景观交相辉映（无锡寄畅园）

图 1-45 绿色银杏（无锡锡惠公园）

图 1-46 拙政园之夏（苏州）

图 1-47 废弃高架桥重生变为一条空中花园走廊（韩国首尔）

图 1-48 由 983 米的前高架桥改造而来的花园公共空间

图 1-49 200 多个当地品种的树木、花草形成一条"植物图书馆"通道，供行人和游客驻足游憩

图 1-50 Châtenay-Malabry 新社区广场（法国）。将场地竖向划分为三层的台地，从空旷的硬质空间过渡到种满植物的绿色区域

图 1-51 Ricard Viñes 城市广场（西班牙）。抬起的小型绿地丰富了空间层次

图 1-52 植物给高密度社区带来绿色空间（越南）

图 1-53 The Rivermark 公寓。中央庭院中有两片草坪，花坛参考基地周边丰富的农田，根据严格的轴线分行排列

⑪企业工厂仓储绿地

企业工厂仓储绿地的作用是可以减轻有害物质（如烟尘、粉尘及有害气体）对工人和附近居民的危害，能调节内部空气温度和湿度、降低噪声、防风、防火等，对于安全生产、改善职工劳动生产条件、提高产品质量具有重要意义。绿化要求选择抗污减尘的树种，加强垂直绿化以增大厂区绿化面积，注重周边绿化及其与外环境的融合（图 1-54、图 1-55）。工厂空地栽植树木种类受到的限制甚多，应选择比较耐灰尘、烟煤及热度的植物如：桉树、茶花、杜鹃、仙人掌、珊瑚树、杨柳、紫阳花、苏铁、榕树、扶桑、竹等广为栽培，并以常绿或落叶易处理的种类为宜，植物栽植区应有栅栏等保护措施。

图 1-54 充分利用可绿化的地段，提高工厂绿地覆盖率

图 1-55 主入口处一般为办公大楼，保留空地较多，作为绿化的重点

⑫公用事业绿地

如公共交通车辆停车场、水厂、污水及污物处理厂等内部绿地。结合不同场所，注重选择荫蔽效果好或抗污染、耐重金属性强的植物进行绿化景观设计（图 1-56）。

图 1-56 生态停车场（通过栽植高大乔木等将停车场掩映在树木之中）

图 1-57　将森林景观与五指大楼相融合（捷克林业委员会大楼）

⑬公共建筑庭园

公共建筑庭园指居住区级以上的公共建筑附属绿地，如学校、机关、商业服务、医院、影剧院、图书馆、宾馆等为公众使用的建筑周围的庭院。公共建筑所接待的人形形色色，职业、地位、性格爱好各不相同，因而在进行庭院绿化时，尽量做到形式多样、丰富多彩。但在总体格调上要和建筑物的性质、风格相一致（图 1-57、图 1-58）。

⑭城市道路绿地

城市道路绿地指居住区级道路以上的道路绿地，包括行道树、路边绿地、分隔带绿地等。行道树绿地指城市道路两侧栽植一行至数行乔灌木的绿地，包括车行道与人行道之间、人行道与道路红线之间、城市道路旁的停车场、加油站、公共车辆站台等绿化地段；交通岛及道路分隔带绿地，用于引导行车方向，分隔机动车与非机动车，分隔对向车流，这类绿地一般都不宜种植高大的乔灌木，以免影响司机行车视线，多种植小乔木、矮灌木、花卉或铺设草皮（图 1-59、图 1-60）。

⑮公路、铁路防护绿地

公路、铁路防护绿地是对外交通用地的一部分，特别是穿越市区的铁路两侧，应结合相邻用地的性质，沿道路两侧设置一定宽度的防护林带，这对于行车安全及降低噪声有很大作用，此举应注意保持路段内的连续性与景现完整性。应选择乡土树种，体现地方特色，注重生态景观，与周围环境相统一（图 1-61）。

图1-58　大楼下方的植物园（菲律宾最高法院）

图1-59　澳大利亚宪法大道林荫景观（植物材料丰富了街道景观）

图1-60　林荫大道改善了市民步行和驾驶体验，美化街景的同时还能净化空气

图1-61　公路一侧鲜花盛开，利用原有乡土树种与自然融为一体（京沪高速）

⑯生产防护绿地

生产防护绿地包括苗圃、花圃、果园、林场、科研植物园、卫生防护林、风沙防护林、水土保持林、水源涵养林等，是郊区用地的一部分。

防护绿地的主要功能是改善城市的自然条件和卫生条件，某些夏季炎热的城市应考虑设置通风绿带。应将"城市林业""观光农业""生态农业""城乡一体化"绿化规划建设融为一体，营造绿色屏障，增加绿化植物，封山育林，退耕还林、还草，提高森林覆盖率，确保涵养水源和防风固沙及防止水土流失。

2）乡村绿地植物景观

乡村绿地是指以自然植被和人工植被为主要存在形态的乡村用地。它包含两个层次的内容：一是建设用地范围内用于绿化的土地；二是建设用地之外，对村镇生态、景观、安全防护和居民休闲生活具有积极作用、绿化环境较好的区域。在城乡一体化发展的大背景下，城市、镇（乡）、村庄绿地既有一定的相关性，又有各自的独特性。乡村绿地通常具有生产、景观、游憩、生态防护等多种功能（图1-62、图1-63）。

图1-62 绿地植物景观(江西婺源)

图1-63 乡村绿地具有生产、景观、游憩等多种功能

（1）乡村绿地特点

从功能上看，乡村绿地主要包括具有生产功能的果园、经济林、苗圃生产，具有生态功能的降噪除污防护林等植物群落，具有游憩功能的农家乐、观光旅游林园，具有景观艺术功能的特色村镇植物配置。传统乡村绿地主要体现了生产功能、生态功能，而现代随着乡村绿地的发展，除生产、生态功能外，越来越强调游憩功能和景观功能。

从内容上看，乡村绿地可以分为人工绿地、经营绿地和自然绿地。人

图1-64　薰衣草园（无锡雪浪山）

工绿地指全由人类活动所创造的自然界原本不存在的绿地，如公园、道路绿地、企事业单位内的绿地、街头游园等；经营绿地指通过人类的改造形成的绿地，以经济生产功能为主，如果园、苗圃、花圃等（图1-64、图1-65）；自然绿地指植物通过自然生长而形成的、人类干预较少、具有生态保护保育功能的绿地，如森林、草地、湿地等。

图1-65　以生产功能为主的果园（阳山桃园）

（2）乡村绿地类型

《村庄与集镇绿地分类标准》（住房与城乡建设部建标〔2004〕66号文）提出乡镇绿地分类的"四类法"和村庄绿地分类的"三类法"。乡镇绿地可分为公园绿地（镇区级公园、社区公园）、防护绿地、附属绿地（居住绿地、公共设施绿地、生产设施绿地、仓储绿地、对外交通绿地、道路绿地、工程设施绿地）、生态景观控制绿地（生态保护绿地、风景游葱绿地、生产绿地）；村庄绿地可分为公园绿地、环境美化绿地和生态景观控制绿地三类。

中国村镇建设中，乡村绿化总体水平较低，建设也相对比较滞后，缺乏规划，绿化标准低。目前，中国绿地建设中存在的概念形式包括"城市绿地系统""城市绿色空间""乡村绿地"等；国外绿地建设中则提出"城乡绿色空间"概念。城乡绿色空间思想可以概括和归纳为"控制""连接"和"融合"三类思想，要求在分析绿地在空间地域上的形态与要素、结构与功能的基础上，有机地综合城市与乡村各类绿地，构成区域化、网络化的绿色空间。强调城乡绿地的有机结合，自然生态过程畅通有序，在空间尺度上，将绿地的范围拓展到城乡一体的区域范围，结构上要求形成网络化的城乡绿地系统。

1.2 园林植物景观的作用及地位

1.2.1 作用

园林植物是景观设计中必不可少的造景要素。所谓"庭院无石不奇，无花木则无生气"。植物的作用日益受到人类的关注。植物景观在人化的第二自然中已成为造景的主体，植物景观配置成功与否将直接影响环境景观的质量及艺术水平。

植物作为活体材料，在生长发育过程中呈现出鲜明的季节性特色和兴盛、衰亡的自然规律。可以说，世界上没有其他生物能像植物这样富有生机而又变化万千的。如此丰富多彩的植物材料为营造园林景观提供了广阔的天地，但对植物造景功能的整体把握和对各类植物景观功能的领会是营造植物景观的基础与前提。

1. 植物在园林景观营造中的作用

1）利用植物表现时序景观

植物随着季节的变化表现出不同的季相特征：春季繁花似锦；夏季绿树成荫；秋季硕果累累；冬季枝干虬劲。这种盛衰荣枯的生命节律，为我们创造园林四时演变的时序景观提供了条件。根据植物的季相变化，把不同花期的植物搭配种植，使同一地点在不同时期产生某种特有景观，给人以不同的感受，体会时令的变化。

利用植物表现时序景观，必须对植物材料的生长发育规律和四季的景观表现有深入的了解，根据植物材料在不同季节中的不同色彩来创造园林景色供人欣赏，引起人们的不同感赏。自然界花草树木的色彩变化是非常丰富的：春天开花的植物最多，加之叶、芽萌发，给人以山花烂漫、生机盎然的景观效果；夏季开花的植物也较多，但更显著的季相是绿荫匝地，林草茂盛；金秋时节开花植物较少，却也有丹桂飘香、秋菊傲霜，而丰富多彩的秋叶、秋果更使秋景美不胜收；隆冬草木凋零，山寒水瘦，呈现的是萧条悲壮的景观。四季的演替使植物呈现不同的季相，而把植物的不同季相应用到园林艺术中，就构成四时演替的时序景观（图 1-66 至图 1-70）。

2）利用植物形成空间变化

植物是园林景观营造中组成空间结构的主要成分。枝繁叶茂的高大乔木可视为单体建筑，各种藤本植物爬满棚架及屋顶，绿篱整形修剪后颇似墙体，平坦整齐的草坪铺展于水平地面，因此植物也像其他建筑、山水一样，具有构成空间、分隔空间、引起空间变化的功能。植物造景在空间上的变化，也可通过人们视点、视线、视境的改变而产生"步移景异"的空

图1-66 冬季雪景（无锡寄畅园）

图1-67 秋季银杏（无锡锡惠公园）

图1-68 落叶形成的季相景观

图1-69 澳洲花园 Paul Thompson（同一个视角的不同季节植物景观）

图1-70 春季景观

间景观变化。造园中运用植物组合来划分空间，形成不同的景区和景点，往往是根据空间的大小、树木的种类、姿态、株数多少及配置方式来组织空间景观。一般来讲，植物布局应根据实际需要做到疏密错落，在有景可借的地方植物配置要以不遮挡景点为原则，树要栽得稀疏，树冠要高于或低于视线以保持透视线。对视觉效果差、杂乱无章的地方要用植物材料加以遮挡。大片的草坪地被，四面没有高出视平线的景物屏障，视界十分空旷，空间开朗，极目四望令人心旷神怡，适于观赏远景。而用高于视平线的乔灌木围合环抱起来形成闭锁空间，仰角越大，闭锁性也随之增大。闭锁空间适于观赏近景，感染力强，景物清晰，但由于视线闭塞，容易产生视觉疲劳。所以，在园林景观设计中要应用植物材料营造既开朗又有闭锁的空间景观，两者巧妙衔接，相得益彰，使人既不感到单调，又不觉得疲劳。

3）利用植物创造观赏景点

园林植物作为营造园林景观的主要材料，本身具有独特的姿态、色彩、风韵之美。不同的园林植物形态各异，变化万千，既可孤植以展示个体之美，又能按照一定的构图方式配置表现植物的群体美，还可根据各自生态习性合理安排，巧妙搭配，营造出乔、灌、草结合的群落景观。不同的植物材料具有不同的景观特色：棕榈、槟榔等营造的是一派热带风光；雪松、悬铃木与大片的草坪形成的疏林草地展现的是欧陆风情；而竹径通幽、梅影疏斜表现的是中国传统园林的清雅。

4）利用植物进行意境的创作

利用园林植物进行意境创作是中国传统园林的典型造景风格。中国植物栽培历史悠久，文化灿烂，很多诗、词、歌、赋和民风民俗都留下了歌咏植物的优美篇章，并为各种植物材料赋予了人格化内容，从欣赏植物的形态美升华到欣赏植物的意境美，达到了天人合一的理想境界。在园林景观创造中可借助植物抒发情怀，寓情于景，情景交融。

2. 园林植物景观的重要性

1）生态效益

随着经济的发展，城市人口膨胀，用地紧张、环境恶化，人们发现园林绿化、建设生态园林是解决环境问题行之行效的方法之一。近年来，中国园林绿地建设较注重植物景观，注重生态效益，为改善和提高环境质量作出了巨大努力。英国一位造园家克劳斯顿（Brian Clouston）说："园林设计归根结底是植物材料的设计，其目的就是改善人类的生态环境。其他的内容只能在一个有植物的环境下发挥作用。"可见在现代园林设计中提倡植物造园可以说是超国际、超时代的人类需要。环境科学已经清楚地告诉我们只有用植物创造的环境才是美好的环境，才是适合人类生态要求的环境。

园林植物的生态效益包括改善城市小气候和净化空气、防治污染等方

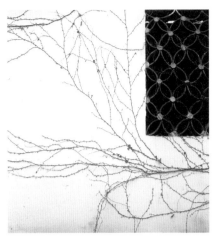

图 1-71 青山公园一角（无锡）　　　　图 1-72 植物的枝叶呈现柔和的曲线，软化了生硬的几何式建筑形体

面。植物通过蒸腾作用向环境散发水分，同时大量地从环境中吸热，也就降低了环境空气的温度。园林植物还具有吸滞尘埃、减少空气含尘量、杀菌和减少噪声的作用。

2）美学效益

植物色彩和形体的美学效果可大大提高绿化的观赏性、艺术性，进一步给人以"美"的享受，植物景观取代城市景观中机械的人工痕迹也已成为人们的共识。园林植物的景观性应体现出科学与艺术的结合与和谐。景观的合理设计源于对自然的深刻理解和顺应于自然规律，包括植物之间的相互关系，不同土壤、地形、气候等影响与植物的相互关系，只有这种认识同园林美学的融合才能从整体上更好地体现出植物群落的美。

植物的美学效益还体现在它与其他材料的组合运用方面。植物的枝叶呈现柔和的曲线，不同植物的质地、色彩在视觉感受上有不同差别。园林中经常用柔质的植物材料来软化生硬的几何式建筑形体，如基础栽植、墙角种植、墙壁绿化等形式。一般体型较大、立面庄严、视线开阔的建筑物附近要选杆高枝粗、树冠开展的树种。在玲珑精致的建筑物四周，要选栽一些枝态轻盈、叶小而枝密的树种（图 1-71、图 1-72）。现代园林中的雕塑、喷泉、建筑小品等也常用植物材料作装饰（图 1-73），或用绿篱作背景，通过色彩的对比和空间的围合来加强人们对景点的印象，产生烘托效果。

3）经济效益

园林植物产生的经济效益是客观的。园林植物自身具备一定的经济价值：有的可以进行生产，比如，花卉生产形成了大规模经济效益；有的由于其可贵的观赏价值而成为苗木储备。

图 1-73 鹿野苑石刻博物馆

同时，园林植物景观提供了良好的环境，可以开展多种商业性文体活动或娱乐项目。另外，园林植物在绿地中提升了用地的景观效果，使周边一些用地价值得到提高。整个城市的环境因园林植物群落的建设而改变，从而使城市形象提升，形成了潜在而良好的投资环境。

在进行植物景观设计时，我们要尽可能创造"自然式"的景观，让自然做功，从而花费较少的人力物力去维护管理，节约资源。实践表明，园林工程后续养护和管理工作的历年投资累计往往超过最初施工所花费的投资。因此，植物造景通过植物的合理配置，可以实现后续养护和管理投资的节省。

（1）园林植物自身价值

园林植物具有观赏属性，城市绿化建设中大批量地使用园林植物，往往要求人工培育品相极好的植株。它的经济价值来自苗圃培养使用的人工、占用土地、耗费水电量、运费、移栽苗木的施工费用等成本支出（其规格不同产生的效果也不同），以及生产性收益等。一般情况下，植株规格大的价高，树龄长的价高，规范苗圃的苗源价高，苗木地区间也存在价格差异。这并不意味着价格越高景观效果越好，植物群体搭配呈现的艺术效果更加重要，一棵几十年树龄的银杏栽错了地方，也难以发挥其艺术效果。

（2）商业活动承载能力

绿地以其环境效果、面积优势、方便组织等特点受到各类商业活动的青睐。商业活动的品牌优势结合绿地优美的室外环境，使市民的精神文化生活更加丰富，社会效益大幅提高。经常承办高品质活动，会使绿地品牌价值提升，达到双赢效果。

（3）绿地可开展项目情况

绿地本身也可以创造出许多活动形式。除了简单的游园活动，还有游船、商业娱乐、餐饮、旅游周边售卖等项目。一些生产性的种植园、苗圃、花圃等也可以改造为可开展游览、采摘、露营等活动的新型观赏性园地。

（4）周边用地价值增长潜力

在注重生活品质的今天，人们对居住环境绿地数量与质量的关注程度越来越高。公园、绿地周边用地价值也快速提升。

4）文化效益

一些植物形象代表了一个时代或是一个故事，是一段时间或者一定范围聚居历史的见证。通过这种历史的追溯，可以对园林发展史、当时的时代特点、艺术风潮以及当时人们的审美观念都形成一定的考证及推断，从而产生重要的文化价值。

由于植物生态习性的不同及各地气候条件的差异，植物的分布呈现地域性。不同地域环境易形成不同的植物景观，可根据环境气候等条件选择

图 1-74　同济大学 JOY GARDEN（充满趣味的屋顶实验花园）

适合生长的植物种类，营造具有地方特色的景观。各地在漫长的植物栽培和应用观赏中形成了具有地方特色的植物景观，并与当地的文化融为一体。例如，北京的国槐和侧柏、云南大理的山茶、深圳的叶子花等，都具有浓郁的地方特色。运用具有地方特色的植物材料营造植物景观对弘扬地方文化、陶冶人们的情操具有重要意义。

　　5）社会效益

　　随着经济的发展，在城市中充斥着由钢筋水泥等组成的人工构筑物，造成了人类与自然环境的隔离，使人感到视觉上的枯燥、心理上的紧张、情绪上的压抑。适当的园林植物景观可以为人们提供良好的休息空间，有效调节人的精神状态，有助于身心健康。

　　6）其他效益

　　园林植物的功能效益还有很多，有的潜在而不被人注意到，有的可以直接地、清晰地被感知。如利用某些植物的芳香作为医疗用途；道路中利用植物遮挡对向车辆的眩光；某些学校将植物园作为教学或者第二课堂基地，给学生普及植物及环保

图 1-75　花园中花团锦簇的小道

知识（图 1-74、图 1-75）；有的植物，如落叶松、常春藤的某些种类、珊瑚树等能耐火烧作用，在自然环境中或者城市绿地中都可以作为防火隔离使用。

1.2.2　地位

　　人类从茹毛饮血的原始文明，经过织耕稼种的农业文明和以制造业为依托的工业文明进入生态文明时期。在这一进程中，人类与自然界之间历经了由亲近到疏远，再由疏离到亲和的过程。在由各种建筑物、构筑物组成的城市人工环境中，建筑、道路和标记物等共同构成了城市的硬质要素，而水体、

植物、动物则作为软质要素而存在，恰恰是这些软质要素保留了自然界的象征，增添了城市的生机与活力。随着社会的发展，园林植物在世界种植业中占有重要而独特的地位，园林植物的生产和应用也越来越广泛。

1. 不可替代性

在景观设计中植物元素以其可塑性强、改善价值与营造价值的并存性成为其他元素无法替代的活跃元素。在创建景观的过程中植物以其特有的柔韧性、成长性使其能够适应任何空间的需要。无论是空旷的广场、狭长的道路、幽窄的墙壁、局促的角落都可以用植物来创造景观，植物可以因其冠幅的延展性来覆盖空间（图1-76）；也可以用枝体的玲珑性来填补空间，发挥硬质材料无法达到的效果（图1-77）；另外，植物凭借生态学特性使

图1-76 袁家村陕拾叁碧山堂店

图1-77 河北大厂书画院

其具有改善局部小环境提高环境质量的功能；同时，又凭借色彩、形态、质感、气味等物理特征按照形式美的设计原则可以创建出一系列丰富多彩的景观视觉效果。

2. 可持续性

植物不比硬质材料在创建景观时具有速成性，它特有的生物学特性决定了植物景观的四时之变，并且，这种变化随着时间和空间的改变带有持续性，植物景观形象随着时间的变化而变化。植物随树龄的增长而改变其形态，随季节的变化而形成不同的季相特色。植物景观形态也可以随着空间而改变，可以利用植物之间个体形态的差异制造出随空间改变而移步换景的植物景观效果。

图 1-78　窗前花木扶疏

植物不仅可以营造时间的可持续性，还可以作为连接空间可持续发展的媒介，如门旁植花、石山见松、窗前花木扶疏、墙边树影摇曳、石缝藤蔓穿梭的景象在中国古典园林中随处可见（图 1-78、图 1-79），植物材料这种隔而不绝的效果生动自然地使植物成为组织连贯空间的媒介，植物作为媒介使空间得以延伸，植物作为主景更可以创造连续的景观。植物造景的可持续性还表现在标示性古木景观上。

图 1-79　门前树影摇曳

3. 和谐性

植物是天地间的产物，本身具有自然的属性。人们通过其可以感知季相变化，聆听天籁之音，享受芬芳之气。植物这种取自于天然的属性最大限度地满足了人类对自然的向往与追求。植物景观最能反映出"天人之际和谐"的宇宙观。作为景观要素，植物不仅可以直接展示和谐的宇宙观，还可以使建筑、山体、小品等融汇到整个宇宙之中。

植物通过弱化、软化作用可以有效地减弱建筑、山石的冷硬气息，增添温暖祥和之感，烘托主建筑的主体。慈宁宫花园作为嫔妃的主要活动所在地，映衬咸若馆的种植以梧桐、银杏、玉兰、丁香等植物为主，使得咸若馆至于安详淑芳、雍容华贵气氛中（图 1-80、图 1-81）。植物的独特属性，

图1-80   孤植大乔感知季相变化（慈宁宫花园）

图1-81   地被及乔木通过软化作用有效地减弱了建筑、山石的冷硬气息并增添温暖祥和之感（咸若馆）

使其在城市建设中的地位和作用日益凸显出来。在城市的大背景下，植物通过与其他景观要素的合理配置可以营造优美的城市景观，积淀悠久的城市历史，延续独具特色的城市文化。

1.3   中国风景园林植物资源的特点

中国地域辽阔，横跨寒温带、温带和热带，地形条件复杂。多样的气候类型和复杂的地形条件为风景园林植物的繁衍生息创造了优越的自然环境，使中国风景园林植物的野生种质资源相当丰富，被誉为"世界园林之母"。其丰富的资源可以概括为以下三个特点。

1.3.1   种类多

中国现有蕨类植物2 600余种，占世界种数的21.6%；有裸子植物236种，

图 1-82 玫瑰　　　　　　　图 1-83 月季　　　　　　　图 1-84 蔷薇

图 1-85 银杏科　　　　　　图 1-86 梧桐科　　　　　　图 1-87 水杉属

占世界种数的 29.5%；有被子植物 25 000 种，占世界种数的 10%，其中，许多著名花卉以中国为其分布中心，如山茶属、杜鹃属、报春花属、蔷薇属（图 1-82 至图 1-84）、绣线菊属、溲疏属、含笑属、百合属等。

1.3.2　特有科属多

特有科有银杏科（图 1-85）、水青树科、连香树科、梧桐科等（图 1-86）；特有属有金钱松属、银杉属、水松属、水杉属（图 1-87）、白豆杉属、青钱柳属、青檀属、蜡梅属、金钱槭属、梧桐属、香果树属等；特有种更是不胜枚举。

1.3.3　种质资源多

中国丰富的风景园林植物种质资源在世界性的育种工作中作出了卓越的贡献。当下西方庭园中许多美丽的花木，追溯其历史大多都是利用中国植物为亲本，近反复杂交育种而成。如月季花，由于引入了中国四季开花的月季花、香水月季、野蔷薇并参与杂交，才形成繁花似锦、香气浓郁、四季开花、姿态万千的现代月季（图 1-88 至图 1-90）。

1.4　园林植物景观设计课程的内容与要求

1.4.1　课程的性质、目的

园林植物景观设计是研究园林植物配置理论与实践方法的一门应用

图1-88　以中国产月季为亲本培育出的现代
月季

图1-89　现代月季

型课程，内容涉及园林植物分类学的基本知识以及其简单的生态习性、观赏特性，同时通过一定的实践与设计，形成更直观的感受的同时熟练掌握园林植物的造景原则与种植方式。

为了更好地了解和掌握园林植物景观设计的理论和方法，我们需要掌握植物学、园林树木学、花卉学、景观生态学等相关知识。在熟悉园林植物的种类、生态习性、观赏特性的前提下，掌握园林植物景观设计的基本原则、布局及技法，根据不同的空间类型、场地性质合理规划种植设计方案，并绘制空间合理、景观适宜的各类种植类型图，如树丛、树群、疏林草地等。

1.4.2　课程内容

园林植物景观设计课程的主要内容包括园林植物景观概述、中外古典园林植物景观的演变特点、植物景观设计方法的发展脉络、园林植物景观的空间营造、园林植物的观赏特性、园林植物景观的设计原理与方法、园林植物景观造景的常用形式。

具体可以概括为：

（1）在了解园林植物景观概念的基础上，总结园林植物景观的功能。

（2）回顾国外及中国古典园林植物景观设计发展简史，探讨现代园林植物景观设计的发展趋势与发展途径。

（3）从园林植物景观的空间特点和空间意象出发，阐述植物空间的建造功能，总结园林植物景观空间营造的处理原则与处理方法。

（4）从植物的大小、形态、色彩、质地等方面入手，分析影响植物观赏特性的众多因素。

（5）根据园林植物景观设计应该遵循的一般原理与原则，结合实例阐述园林植物景观设计的程序和设计手法。

（6）以案例作引导，介绍植物造景中花坛、花境、绿篱等景观设计理论与方法。

第二章　中外古典园林植物景观的演变特点

从古代起，中外园林中就有专门司掌植物栽培、管理的官员，随着生产力的发展、科技的进步，又产生出研究植物的典籍（如清植物学家吴启濬编纂的《植物名实图考》）。对植物种植的过程、技术，对园林植物的观赏特性都有总结。这些官方或民间的总结，推动了植物景观在艺术、理论角度的发展。时至今日，园林植物在景观设计中的表现力也越来越强。

2.1　中国古典园林植物景观的演变特点

中国古典园林是由中国的农耕经济、极权政治、封建文化的培养而成长，比起同时期的其他园林体系，历史最久、持续时间最长且分布范围最广，这是一个博大精深而又源远流长的风景式园林体系。中国古典园林根据建造方式与择址的不同，可以分为人工山水园和天然山水园两类。人工山水园是通过对选址地点进行挖湖堆山的地形改造，并配以人工植物群落配置，浓缩、模拟自然山水的特点；而天然山水园是利用自然界现存的山水体系结合自然植被，按照需要进行局部人工改造而成。在不同的历史发展阶段，园林中植物景观也有不同的特点。

2.1.1　古典园林起源期植物景观的特点

植物在中国园林中的应用由来已久。从有"囿""苑"等园林雏形诞生的时候开始就有植物景观的应用。根据春秋时期造园史料《述异记》一记载吴王夫差所造"梧桐园""会景园"中，"穿沿凿池，构亭营桥，所植花木，类多茶与海棠"。在中国古典园林发展的萌芽时期，统治者已经注意到多种植物的搭配可以形成美好的视觉享受，但是这种搭配受限于当时低下的社会生产力，加之崇尚自然的哲学基础，其根本是基于对自然植被的罗列，缺乏植物与其他造景要素的结合而没有形成植物间的有机联系，有意识的种类组合、组成形式也比较随机。

2.1.2　古典园林发展成型阶段植物景观的特点

秦汉时期是中国封建朝代传承中第一个长时间得以统一安定的时期，

是封建农业经济、传统文化尤其是儒家文化大发展时期。这些重要条件的具备，使古典园林摆脱了早期主要利用自然植被景观的特点，开始创造性地根据人们自己的主观意愿和文化理念将各类园林要素有机集成。

建章宫（图 2-1）是汉代宫廷园林的典型，是汉武帝刘彻于太初元年（公元前 104 年）建造的宫苑。《三辅黄图》载"周二十余里，千门万户，在未央宫西、长安城外"。武帝为了往来方便，跨城筑有飞阁辇道，可从未央宫直至建章宫。其中太液池中的一池三山也是神仙思想在园林中实践的典范。建章宫中植物的配置很丰富，既有各种奇异果树、优美的观赏植物。同时，在太液池中组织了大量的水生植物，如茭白、霞芦、莲、菱之类。整个宫苑的植物种植形式以自然式为主，充分体现了中国汉朝人的生活、作息规律及审美观念。

"园林"一词直到西晋时才出现，源自西晋名人张翰的《杂诗》中"白日照园林"的语句。魏晋时期涌现的山水画家，擅画山峰、泉、丘、壑、岩等，并使画意上的构图、色彩、层次和美好的意境成为造园艺术的借鉴。士大夫们以隐退为高尚，以风雅自居，更是将自己"出淤泥而不染"等高洁傲

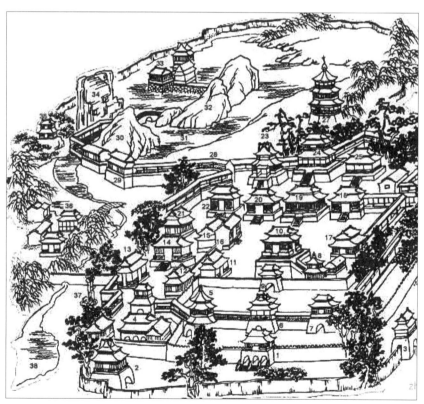

图 2-1　长安建章宫

1. 壁门；2. 神明台；3. 凤阙；4. 九室；5. 井干楼；6. 圆阙；7. 别凤阙；8. 鼓簧宫；9. 娇娆阙；10. 玉堂；11. 奇宝宫；12. 铜柱殿；13. 疏圃殿；14. 神明堂；15. 鸣銮殿；16. 承华殿；17. 承光宫；18. 兮指宫；19. 建章前殿；20. 奇华殿；21. 涵德殿；22. 承华殿；23. 婆娑宫；24. 天梁宫；25. 饴荡宫；26. 飞阁相属；27. 凉风台；28. 复道；29. 鼓簧台；30. 蓬莱山；31. 太液池；32. 瀛洲山；33. 渐台；34. 方壶山；35. 曝衣阁；36. 唐中庭；37. 承露盘；38. 唐中池

岸的情操寄托于各种不同的植物意向，最终达到雅俗共赏的境界，形成大众化的审美情趣。这些社会动态对园林植物的选择有一定的指导意义。古典园林基本成型于魏晋、南北朝时期。之所以说"成型"，是因为这一时期不仅加入了大量人的创造力、思维、审美情趣，而且园林中各个元素开始有机融合、相互搭配成趣。这些主观审美倾向也影响到后来的植物景观营造。

2.1.3　古典园林发展高潮时期植物景观的特点

隋唐时期，农业得到快速发展。国强民富，经济实力的提升给统治者追求更高的品位生活享受提供了条件。古典园林也在这样的环境中迅速发展并达到一个高潮。在唐明皇的宫苑中植物配置合理，如沉香亭前植木芍药，庭院中植千叶桃花，后苑有花树，兴庆池畔有醒醉草，太液池中栽千叶白莲，太液池岸有竹数十丛。皇城、宫城内广种梧桐、桃树、李树和柳树。主要街道的行道树则以槐树为主，间植榆、柳。据此，可以设想当年长安城内城市绿化是十分丰富的。

随着造园技法的进一步提高，园林对于自然山水的依赖和利用已经不再是兴建的主流。人们于平地中开池筑山，聚石引水，植林开涧，植物景观营造不再以数量求胜，更多的是求新、求异。对植物文化内涵和构成意境的挖掘，同时也促成了古典园林由写实山水向写意山水转变。当时的统治者不仅对都城绿化相当重视，而且建成了曲江池这样的公共园林，定期开放，供市民游玩。透过这个时期可以看出国力强盛是园林事业发展的经济基础，传统的汉唐文化对植物景观的塑造有着不可磨灭的影响力，统治者自上而下的政治影响也促成了这一时期园林事业的繁荣与发展。

2.1.4　古典园林发展成熟期植物景观的特点

宋、元这两个朝代可以称为"后唐时代"，其中大部分造园内容沿革于后唐时期，这一时期也是中国古典园林的成熟前期。宋代的诗词已经基本看不到唐代波澜壮阔的气概，大流已转向缠绵悱恻、空灵婉约的风格。这一时代造园时注重对花木的选择栽植，利用园林植物造景形成其独特的风格。造园时十分注意利用绚丽多彩、千姿百态的植物与其一年四季的不同观赏效果。乔木以松、柏、杉、桧等为主，花果树以梅、李、桃、杏为主；花卉以牡丹、芍药、山茶、琼花、茉莉等为主，临水植柳，水面植荷，竹林密丛，不仅起到绿化作用，更多的是强调观赏和造园的艺术效果。受画理、画论影响，植物作为园林素材的使用更加精细，其不仅体现了色彩、形态等的文化寓意，并且在听觉、嗅觉等其他感官刺激上大做文章。例如，"雨打芭蕉""疏影横斜水清浅，暗香浮动月黄昏"。

明代受到诞生于宋的"新儒学"体系影响,加上明末资本主义经济的萌芽,使得园林作为文化载体的地位受到人们重视。结合历朝、历代的濡染,一些造园大师已经总结出相地、理水掇山、植物栽培等许多手法。其中计成的《园冶》、陈淏子的《花镜》、文震亨的《长物志》都是当时的园林建设理论集大成之作。随着造园理论的成熟,清朝时期将传统园林艺术推向成熟。

清朝时期,最为典型的就是皇家园林的兴起,无论从质量还是数量上都达到了造园史的巅峰。由于皇家御苑类型不同,使得植物景观的营造方式产生不同变化,兼有写实与写意。例如,在宫廷中,建筑偏多而植物偏少,所以植物的栽培仅是取其意境或者内涵,以疏朗种植为主,有一些对植或列植的形式在四合院式建筑的中庭植玉兰、海棠、牡丹、石榴等,取玉、富、多子多福之意。在庭院中布置盆栽佳卉于台阶回廊两侧,或置于客厅、书斋内,使园景更加美丽而丰富季相变化。行宫御苑大多在原有自然山水的基础上适当地点营建建筑形成园林景观。这类园林选址于自然植被丰富地区,山间分布种类繁多的当地物种。如承德避暑山庄既有开发山庄前的原生植物,亦有后来创建山庄营造景观时配置的植物(图2-2)。在植物景观上,取写实之意,大面积植物景观塑造出山林特点,改善了小气候条件,建筑前取意,依据吉祥、安泰之意布局植物。

2.2　外国古典园林植物景观的演变特点

在世界范围内,园林历史同样经历了起源、发展、百花齐放的时间过程,但由于地理因素、国家政治、历史、文化等差异,所以园林植物景观

图2-2　承德避暑山庄曲水荷香景点

图2-3 巴比伦空中花园（结合了当时先进的园艺技术、灌溉技术，将多种花木种植于建筑之上）

图2-4 法国卡尔卡松城堡（其内部功能齐全，建有果园及装饰性花园等）

的发展特点也大相径庭。

国外从园林诞生，再经历文艺复兴思想的洗礼，园林风格崇尚"理性思维""完美构图"等思想。到18、19世纪巴洛克风格的园林与自然风景式园林几乎并行影响着园林风格。19世纪中叶，植物研究成为专门的学科，大量花卉开始在景观中运用。如英国、意大利、德国、法国等欧陆国家有其相近的风格，但又形成清晰的差别；亚洲地区的中国、日本、韩国等主要国家有相似之处，但都有各自的风格；伊斯兰的园林风格风行亚、非、波及欧洲，其中不同地区、国家又衍生出相对应的形式特点（图2-3、图2-4）。

2.3 现代园林植物景观的演变特点

随着社会经济的发展，全球一体化进程加快，对生态环境及人居环境的重视程度空前高涨。植物景观随着现代园林进展也呈现出新的发展特点。现代园林植物景观在理论思想、造景手法、造景技术、造景材料上都发生着巨大变化。

2.3.1 政策的有效引导

园林对于现代城市生活的意义及作用越来越明显，国家政策对于园林的发展干预也更加有效。从宏观层面的风景资源保护、生态园林城市评分、城市绿地系统规划的科学研究等，到微观层面对园林建设项目资金扶持、政策保护等方面，园林发展、植物景观发展得到国家政策的有效支持，也为新时代园林植物造景理论及技术的研究、发展开辟了通畅的道路。

2.3.2 植物造景理论的综合性与时代性

植物造景理论在汲取历史精华的同时，结合相关学科的研究成果形成综合的科学门类，其中每一种学科的发展、进步都会推动植物造景理论的发展，体现了植物造景理论的综合特征。

现代园林理论针对的不再是狭义的公园、庭院，而开始向整个区域、城市，甚至更大的范围融合，逐步形成广义园林理论。植物造景理论把握时代脉搏，跟随社会发展脚步，结合现代社会对植物景观的需求，正逐步形成并完善在当今发展环境中的理论体系。

2.3.3   植物造景技术的科学性

在植物造景理论指导下，植物造景技术也作出相应的变化与调整，其中最突出的特点是它的科学性逐渐加强。计算机科学及数字媒体技术日新月异地发展，给植物景观规划、设计带来新鲜的血液；对园林植物生长特点的准确认识及对园林植物景观特点的深入把握，加上新技术革命下生物技术的日趋尖端化、完善化，给予种植栽培技术崭新的生命。科学进步带动了植物造景技术的快速发展。

2.3.4   植物造景材料的多样性

人们对曾经绿化中惯用的杨、柳、榆、槐等植物逐渐产生审美疲劳，园林植物景观需要变化，需要新鲜的植物形象。现代园林科学技术的发展提供了新的培育技术、保障了移栽后的成活率，实现了植物局部跨生长带的引种驯化。这些措施提供了植物造景材料的多样选择，也使植物景观更加多样化。

第三章 园林植物景观的空间营造

园林植物作为园林空间构成的要素之一，是空间的弹性部分，极富变化的动景为园林增添了生机和野趣，丰富了景色的空间层次。凯文·林奇在《总体设计》中指出："就重要性而言，除水而外，其次就是活的种植材料，树木、灌木、草本植物、与造景有密切关系的材料，对此，通常的考虑只是在布置为建筑和道路之后，在总平面上点缀树木而已。更正确的做法是把植物覆盖作为室外空间组织的要素之一……总体设计考虑植物群体和种植地段的一般特征，而不是单个树种……"

3.1 空间与园林植物空间

就园林的整体而言，如何通过园林植物和其他设计要素共同构筑园林的整体空间结构是园林设计中最重要的环节。园林景观设计是外部空间设计的重要表现层面，而园林中的植物单独或与其他元素共同形成园林的不同空间，通过植物群落的组合，可以形成形态多样、尺度变化的空间环境。植物造景的空间塑造是人为的空间序列，植物造景对园林植物景观空间属性的思考，正是利用不同的种植手法改变空间的尺度、层次、序列、功能等。

3.1.1 空间的概念

"空间"（space）一词源于拉丁文"spatium"，它不仅是人们描述位置、地方和体会虚空的经验，也是一个传统的哲学命题。《辞海》中把"空间"解释为："在哲学上，与'时间'一起构成运动着的物质存在的两种基本形式。空间指物质存在的广延性；时间指物质运动过程的持续性和顺序性。空间和时间具有客观性，同运动着的物质不可分割……"人类具有认识空间的能力，更具有所有其他物种所不具备的创造空间的能力。

3.1.2 园林植物景观的空间特点

1. 空间的变化性

植物景观空间的构成元素是有生命体的植物，既体现在植物个体从幼年向成年的转化，也体现在植物景观群落由于生态因子的调节而产生的变化，更体现在植物随季节变化所产生的不同的空间形态。它的形态不像硬质景观那样一经确定就变得边界清晰而分明。植物的枝、叶、姿态会不

图 3-1　台北生态时代展馆（空间因既有老树随机变形而为树林所围绕，通透的墙面与不断生长的植物营造出内外感知的空间体验）

图 3-2　单株乔木形成的树下空间

断发生变化,其轮廓会随着叶形变化而不同。一株植物很快就发展为多株,它的空间形态也会随之变化（图 3-1）。

2. 空间的同质性

园林植物景观的空间是由园林植物组成的，几乎所有的园林植物都有相同的组成部分：枝、干、叶、花、果实。植物形成的空间都是由这些植物组合而成，因此植物空间有一定的相似性，似乎它们的差异只有空间尺度的差别。这一特点可以称为同质性或匀质性。单株植物空间形

图 3-3　竹子构成的植物群体空间

态可以概括为枝干形成的下部空间以及树叶形成冠状的体形，或大或小（图 3-2）。总观一株植物，一般可归纳为一种锤状的形体。植物的群体空间又由多数个体组成（图 3-3）。

3. 空间的异质性

园林植物景观空间存在很多变化，不仅空间大小、尺度会由于植物种类、形体的变化而产生差异，并且植物景观空间会由于功能不同产生形式的变化。在植物群的边缘，植物空间产生梯度变化；在植物群中有意设置的视线通道，可以形成区别于植物林下空间的空间形式；植物群遇到大面积水体或者硬化地面，植物景观空间会被阻隔、打断。植物景观这些变化的集合就是植物景观空间的异质性。对于空间异质性的研究甚至比匀

图 3-4　布莱德尔路别墅景观（原生植物被密集地种植在花园中，形成高度多样化的景观空间并营造了轻松平静的空间氛围）

图 3-5　英格兰国家植物园（在凹陷空间中游人可以坐在里面欣赏英国最大的梧桐枫）

质、同质空间的研究更有意义它更能揭示植物景观空间与园林中其他空间、植物匀质空间的区别，而这些区别也许正是容易引起游赏者注意的区域（图 3-4）。

4. 空间的领域性

空间是一种客观存在，它的视觉形式、量度和尺度、光线特征——所有这些特点都依赖于我们的感知，即我们对形体要素所限定的空间界限的感知。对于园林植物景观来说，无论是单株植物还是植物群体，其实体部分在场地内占据了一定的体积，也是容易由视觉辨认的对象；而其形成的场、态等特征只能通过意识感觉。

在植物景观空间中最直观的统领就是植物体或者植物群体的体量，体量越大其占据的空间资源越多（图 3-5）；植物的高度也具备统领作用，如同设计中的制高点，高度越高越醒目，也容易统领一块空间领域

图 3-6　树池中的孤植乔木（高大乔木，配合草坪统领空间领域）

（图 3-6）。植物造景中常使用大型乔木作为空间的统领，这些乔木高度和体量上都可以支撑一定的空间，配合其他植物类型就可以充分支配这块空间领域。

3.2　园林植物景观的空间意象

风景园林师安德松（Sven-Ingvar Andersson）认为："景观设计是视觉艺术的一个组成部分，设计最基本的事情就是确定一个空间，这种空间是人们能够很好地使用的空间，是一个舞台，而不是一种布景。"所谓"意象"，就是外界境物的形象与主体的情感相互交融，所形成的充满主体感情的形象，是"意"与"象"的辩证统一。对于园林植物空间的意象过程主要表现在空间、路径、中心、节点、边界等方面。

●空间

空间是植物景观意象的最重要的层面，空间的清晰性、复杂性和内聚性是最基本的品质，直接影响到人对空间的感受和对景观环境的选择。清晰性使人的感观直接感受到空间的存在；复杂性表明了场所的多样性和景观元素的丰富程度；内聚性是场所的基本秩序。根据卡普兰的研究建议："对于人的享受，所有的空间品质要求应当同时满足，并且在场所中有所反映。"在园林中，植物是界定空间的基本媒介，植物应作为园林中空间创造的结构性要素，而植物的装饰性作用应起辅助性的作用。在园林植物景观中，从空间构成的基面、垂直面和顶面三个要素看，植物材料的多样性为植物空间的组合提供了无数多样的可能（图 3-7、图 3-8）。

●路径

在园林植物景观中可定义为三个层面：

（1）游览的线性景观空间；

（2）形成景观结构中网络性的连接体系；

（3）是空间中的线形面，对空间的形成具有重要的影响。

●中心

中心是景观中的视觉和象征性的吸引点，常占据场所的中央，具有与背景反差极大、引人注目、特征鲜明的形式。中心包括形式和场所两重属性。可定义为几个层面：

（1）与背景有较大反差的中心组群；

（2）帮助定位或定向的景观形式；

（3）精神层面的标志性景观；

图 3-7　树冠构成道路空间顶面　　　　　　　图 3-8　不同种类的热带植物丰富了酒店户外空间

（4）景观中事件的场所。

●节点

节点是景观空间过渡和连接的部分，景观节点常是整合的、精致的小空间和复杂的过渡空间。节点是点状的核心空间，提供不同的景观空间感受和不同的使用功能。可以用园林植物来组织创造节点空间，通过绿篱的围合、行列式的栽植等手段形成节点结构性的空间暗示。其可定义为以下几个层面。

（1）大空间或路径之间的小的过渡空间；

（2）场所之间；

（3）边界空间；

（4）出入口广场等。

●边界

边界是景观空间中最具有物质空间成分的特征要素，是一种连锁的形式或是一种过渡性的空间因素，它围合或分隔出不同的空间，一般为线性空间的形态。可定义为以下几个层面。

（1）景观中两个空间或两个区域之间的线形面；

（2）两者之间过渡性的线形地区。

边界作为空间构成部分非常重要，但在设计中常常被忽视，边界既不是实体也不是空间，而是兼有二者特性的要素。植物景观中不同的群落交错区通常是过渡性的区域边界，具有生态和视觉景观的丰富性。园林植物常用的边界处理为：绿篱、灌木边界、树林边界、林荫道边界、草本边界等（图 3-9）。

图 3-9 草本边界

3.2.1　植物空间的组合方式

在园林植物景观中，单一的空间构成是很少有的，一般都是由许多不同的植物空间共同构成的整体。园林植物空间的组合方式主要有线式组合、集中式组合、放射式组合、组团式组合、包容式组合和网格式组合六种方式。

1. 线式组合

线式组合（Linner），指一系列的空间单元按照一定的方向排列连接，形成一种串联式的空间结构。可以由尺寸、形式和功能都相同的空间重复而构成，也可以用一个独立的线式空间将尺度、形式和功能不同的空间组合起来。线式组合的空间结构包含一个空间系列，表达方向性和运动感。可采用直线、折线等几何曲线，也可采用自然的曲线形式（图3-10）。就线与植物空间的关系，可化分为串联的空间结构和并联的空间结构两种类型（图3-11、图3-12）。

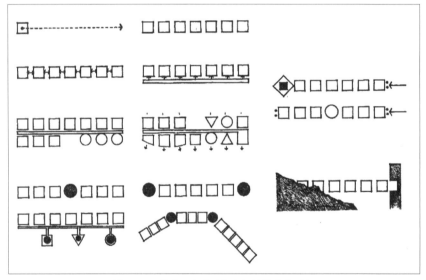

图 3-10　线式组合（重复空间的线式序列）

图 3-11　串联的植物空间结构

图 3-12　休斯顿河湾绿道系统规划（未来可以通过线式绿道到达新旧绿色空间，穿越主要的基础设施，在街区中穿行，体验城市的各个部分）

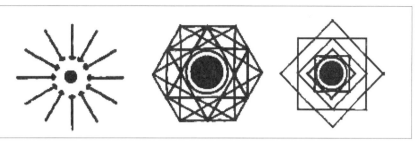

图 3-13 集中式组合（在一个居于中心的主导空间周围组织多个次要空间）

2. 集中式组合

图 3-14 宾夕法尼亚大学里的口袋公园

图 3-15 集中式组合的植物空间

集中式组合，是由一定数量的次要空间围绕一个大的占主导地位的中心空间构成，是一种稳定的、向心式的空间构图形式。中心空间一般要有占统治性地位的尺度或突出的形式。次要空间形式和尺度可以变化，以满足不同的功能与景观的要求（图 3-13）。在园林植物景观设计中，许多草坪空间的设计均遵循这种结构形式。以宾夕法尼亚大学里口袋公园的草坪空间为例（图 3-14、图 3-15），空旷草坪中心空间的形成主要依靠空间尺度的对比，大尺度形成了统治性的主体空间。其他树丛之间以不太确定的限定形式形成小尺度的空间变化。集中式组合方式所产生的空间向心性，将人的视线向丛植的树丛集中。在美国的纽约长岛南滨公园（Hunter's Point South Waterfront Park）的植物景观规划中，设计师以明确的圆形空间形态与林带间自然形成的空间形成了差别，圆形空间的尺度也占统治性地位，因而，空间的结构形式十分明确（图 3-16、图 3-17）。

3. 放射式组合

图 3-16 纽约长岛南滨公园生态景观

放射式组合，综合了线式与集中式两种组合要素，具有主导性的集中空间和由此放射外延的多个线性空间构成。放射式组合的中心空间也要有一定的尺度和特殊的形式来体现其主导和中心的地位（图 3-18）。在勒·诺特设计的丢勒里花园（The Tuileries Garden）中就采用了放射式空间组合的结构形式（图 3-19）。

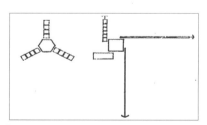

图 3-18 放射式组合（线式空间组合从一中心空间以放射状扩展）

4. 组团式组合

图 3-17 在公园中，基础设施、景观、构筑物、生态走廊被一体化地统筹设计

组团式组合（Clustered），是指形式、大小、方位等因素有共同视觉特征的各空间单元，组合成相对集中的空间整体。其组合结构类似细胞状的形式，通过具有共同的朝向和近似的空间形式紧密结合为一个整体的结

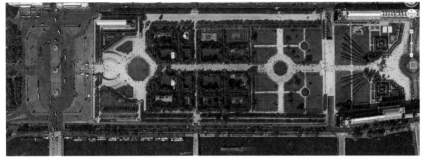

图 3-19 丢勒里花园鸟瞰图

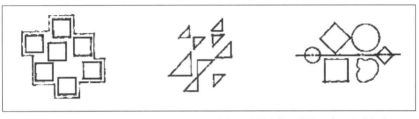

图 3-20 组团式组合（根据近似性、共同的视觉特性或共同的关系来组合空间）

图 3-21 阿姆斯特尔芬的 Zonnehuis 养老院植物景观

图 3-22 屋顶花园的混合种植花床

构方式（图 3-20）。与集中式不同的是没有占统治地位的中心空间，因而，缺乏空间的向心性、紧密性和规则性。各组团的空间形式多样，没有明确的几何秩序，所以空间形态灵活多变，是园林植物空间组合中最常见的组合形式。由于组团式组合中缺乏中心，因此，必须通过各个组成部分空间的形式、朝向、尺度等组合来反映出一定的结构秩序和各自所具有的空间意义（图 3-21、图 3-22）。

5. 包容式组合

包容式组合（Contained），指在一个大空间中包含了一个或多个小空间而形成的视觉及空间关系。空间尺度的差异性越大，这种包容的关系越明确，当被包容的小空间与大空间的差异性很大时，小空间具有较强的吸引力或成为大空间中的景观节点。当小空间尺度增大时，相互包容的关系减弱（图 3-23）。在园林植物景观设计中，相邻两个空间之间也可以采用一系列的手法强调或减弱两者的关系（图 3-24）。

图 3-23 包容式组合

图 3-24 硬质景观分割了相邻的草坪空间

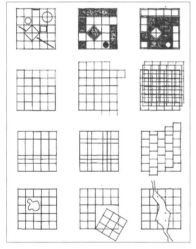

图 3-25 网格式组合（在结构网格的区域内或其他三度框架中组合的空间）

图 3-26 植物与硬质景观采用网格的结构来形成秩序与变化统一的空间环境

6. 网格式组合

网格式组合（Grid），指空间构成的形式和结构关系是受控于一个网格系统，是一种重复的、模数化的空间结构形式。采用这种结构形式容易形成统一的构图秩序。当单元空间被削减、增加或重叠时，由于网格体系具有良好的可识别性，因此，使用网格式组合的空间在产生变化时不会丧失构图的整体结构。为了满足功能和形式变化的要求，网格结构可以在一个或两个方向上产生等级差异，网格的形式也可以中断而产生出构图的中心；也可以局部位移或旋转网格而形成变化（图 3-25、图 3-26）。

3.2.2　植物空间的建造功能

植物对室外空间的形成起着非常重要的作用，它是室外空间形成的重要介质。在植物景观设计中建造功能是最先考虑的，其次才是观赏特性和其他因素（图 3-27）。

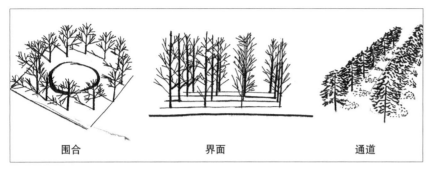

围合　　　　　　界面　　　　　　通道

图 3-27　植物空间的形成

1. 植物空间的形态要素

园林植物空间形态的限定要素表现为：水平要素、垂直要素和顶要素。正是这三种限定要素的组合和变化而形成了形式多样的植物空间。所有的植物空间都是从其组成要素中获得生命和个性的。因为每一种空间组成的要素其自身特性都包容在空间中，要与其他构成要素形成良好的关联性。

1）基面要素

水平要素形成了最基本的空间范围的暗示，保持着空间视线与其周边环境的通透与连续（图 3-28）。园林植物空间中，经常使用的基面要素为草坪、绿毯、牧场草、模纹花坛、花坛、地被植物等。

（1）草坪（Lawn）：是园林中最常用的地表覆盖方法，它形成了园林植物景观中统一的绿色基面，植物空间中的不同实体要素通常是以草坪的

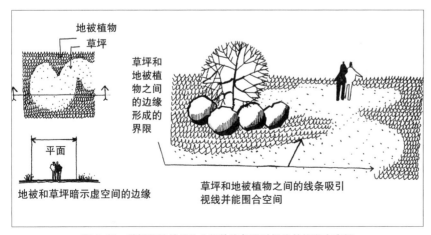

地被植物
草坪

草坪和地被植物之间的边缘形成的界限

平面

地被和草坪暗示虚空间的边缘

草坪和地被植物之间的线条吸引视线并能围合空间

图 3-28　草坪和地被植物之间的线条吸引视线并能围合空间

图 3-29　德国洛尔施修道院景观（草坪作背景，无论在规则式布局，还是自然式布局当中都能起到非常好的效果，与构成整体景观的其他景物都非常好地融合到一起，同时起到了对比与调和作用）

图 3-30　惬意漫步的住宅区（阿姆斯特丹）（设计师挑战常规，将所有的停车位放在地下，在地面建立起一个由草坪、路面、零星树木组成的开放式公园）

图 3-31　住宅庭院植物景观（草坪充分发挥了它开阔、整齐、均一等特点，从对比调和等方面来突出主景和配景植物的景观特点，形成季相丰富、变化灵活的疏林草地、密林草地等景观）

形式联系起来，草坪是西方园林中首先使用的设计元素，也是当代中国园林设计中最常见的水平限定要素。自 19 世纪割草机发明后，使人们不再通过手工及牛羊等动物来维护园林中的草坪，使草坪在园林中的应用得到了很大的发展。对草坪的应用也体现出不同的园林风格和传统（图 3-29、图 3-30、图 3-31）。

（2）绿毯（Green Carpet）：是指形式为方形、长方形或其他几何形的规则式草坪，这种形式是巴洛克园林中经常采用的，通常布置在主体建筑前面或沿轴线展开。主要用来强调一条可视的虚轴线，使观赏者的注意力聚集于某一景观（图 3-32）。

（3）牧场草（Meadow）：通常指由野生的牧场植物所组成开敞起伏的草地。往往位于园林与自然环境的交错过渡区域，是人工园林与自然野趣之间的一个过渡性场所。在当代园林植物景观设计中，人们认识到观赏性的草坪不仅造成了养护管理的浪费，而且也使园林植物景观特色趋同，而采用乡土的野生草本植物可以表现出植物景观的地方特色（图 3-33）。

（4）模纹花坛（Parterre）：用黄杨类的植物按一定的图案进行修剪和栽植，在花坛中栽植花卉和草坪，或铺设沙石形成美丽的图案，是西方园林中常见的种植形式。一般布置在主体建筑周围或主要轴线的两侧（图 3-34）。

图 3-32　凡尔赛宫花园

图 3-33　昆明牧场高尔夫

图 3-34　意大利罗马兰特庄园（对称布置的 12 格为模纹花坛，以绿色为主，间有少量的各色花卉点缀）

（5）地被植物（Ground cover plants）：以低矮的地被植物替代草坪来覆盖园林的基面（图3-35、图3-36）。

2）顶面要素

天空是园林植物空间中最基本的顶面构图要素，另一种是伞形结构的变种，是由单独的树木林冠所形成的伞形顶部界定和成片的树木形成了规则或自然的顶部覆盖空间（图3-37）。园林中的建筑或与攀援植物结合的棚架，也是重要的顶部界定的空间构成元素（图3-38）。

图3-35　泰国Mode 61公寓花园　图3-36　德国弗莱堡市扎哈伦广场　图3-37　两侧的乔灌木组合形成了自然的顶部覆盖空间

图3-38　建筑入口处的棚架

植物的枝叶如室外空间的天花板，限制了向天的视线，影响着垂直面上的尺度和感受。

3）垂直要素

垂直要素是园林植物空间形成中最重要的要素，形成了明确的空间范围和强烈的空间围合感，在植物空间形成中的作用明显强于水平要素。主要包括绿篱和绿墙、树墙、树群、丛林、草本边界、格栅和棚架等多种形式。

（1）绿篱和绿墙（Hedge）：在园林的种植设计中，绿篱和绿墙占有相当大的比重和多样的表现形式（图3-39、图3-40、图3-41）。绿篱最早的功能是防止牲畜进入，标识人类对自然征服和控制的区域、限定私人的领地等实用功能。随后才逐渐具有了景观的意义。在意大利文艺复兴时期的园林和巴洛克园林中，绿篱和绿墙在植物空间的构成中起着重要的作用。

图 3-39　NATURA 塔楼（"会呼吸的墙"是植物和建筑协调化一的表现）

图 3-40　植物空间中的垂直要素（不需要土壤的植物在直立式立面上，只要供应水源和养分，便能存活）

图 3-41　庭院绿墙围合空间

图 3-42　旧金山住宅（花园的轴线由充满感性的绿墙界定，削弱了建筑带来的冲突）

在当代的植物景观设计中，绿篱和绿墙也是重要的空间构成元素（图 3-42）。绿篱和绿墙的差别仅仅体现在其高度的不同，一般低于视线高度的为绿篱，高于视线高度的为绿墙。通过绿篱可以构成中小尺度的休息和娱乐的空间。绿篱也经常被应用在自然林缘下，形成人工的空间边缘。绿篱在园林中常用作背景以衬托出雕塑或其他的植物。

（2）树墙：是对自然的乔木进行人工整形修剪所形成的，是巴洛克园林中轴线空间与自然丛林过渡转换时经常采用的手法（图 3-43）。

两侧的树墙加强了入口的轴线感，形成威严的气势。

（3）树群（Clump）：是自然式园林中划分植物空间的主要手段，以同种或不同种的植物组合成自然式的栽植群落，限定和形成不同的植物景观空间（图 3-44）。

（4）丛林（Bosket）是自然式或几何式大面积栽植的树木形成园林中的绿色背景，在园林植物景观中常占有主导性地位（图 3-45）。

山坡上原有的树木和植物形成了背景和屏风。

（5）草本边界（herbaceous border）：是以具有一定高度的多年生草本植物所形成的空间边界（图 3-46、图 3-47）。

（6）格栅和棚架（Pergola）：是攀援植物与建筑小品组合形成的绿色屏障，是明确的、限定性较强的垂直要素（图 3-48）。

图 3-43　园林入口通道

图 3-44　苏州留园（多种植物组合成自然式的栽植群落）

图 3-45　别墅花园景观

图 3-46　巴西 BT 住宅

图 3-47　北京泰康商学院中心庭院

图 3-48　攀缘植物与建筑小品

强劲的建筑形式被柔软的植物材料软化，外表是一层常春藤，形成强烈的质感对比。

植物作为垂直视觉要素组合园林植物空间时，主要表现在视觉性封闭和物质性封闭两个不同的层面。视觉性封闭是利用植物进行空间的划分和视觉的组织，而物质性封闭表现为利用植物的栽植来形成容许或限制人进出的空间暗示。

在自然的植物群落中，由于自然因子的作用使植物群落处于动态的平衡之中，呈现出分层分布的结构特征。最常见的结构类型为"乔木＋灌木＋地被"的三层结构，"乔木＋灌木""乔木＋地被""灌木＋地被"两层结构和由单一的植物类型所组成的单层结构。

2. 植物形成的典型空间类型

在运用植物构成室外空间时，就像和用其他设计要素一样，设计者应首先明确设计目的和空间开放、封闭、覆盖等不同的空间性质，然后才能相应地选取和组织设计所需的植物。

1）开放空间

仅用低矮的灌木及地被植物作为空间的限定因素形成的空间四周开敞、外向、无私密性，完全暴露在天空和阳光之下。该类空间主要是开敞的，无封闭感，限定空间要素对人的视线无任何遮挡作用（图 3-49、图 3-50）。

2）半开放空间

该类型空间与开放空间相类似，它的空间一面或多面部分受到较高植

图 3-49　低矮灌木和地被形成的开放空间

物的封闭，限制了视线的通透，植物对人的行动和
视线有较强的限定作用。这种空间与开放空间有相
似的特性，不过开放程度小，其方向性朝向封闭较
差的开敞面（图 3-51、图 3-52）。

　　3）覆盖空间

　　利用具有浓密树冠的遮阴树，构成一顶部覆盖、
而四面开敞的空间。这类空间只有一个水平要素限
定，人的视线和行动不被限定，但有一定的遮蔽感、
覆盖感。该空间介于树冠和地平面之间的宽阔空间。
利用覆盖空间的高度，能形成垂直尺度的强烈感受
（图 3-53、图 3-54、图 3-55）。

图 3-50　开放空间

图 3-51　半开放空间视线朝向开敞面

图 3-52　半开放空间（顶层花园
的开敞面可以俯瞰城市景色）

图 3-53　处于地面和树冠间的覆盖空间

图3-54　植物覆盖空间（橄榄林和地面上的本土草丛在太阳底下提供了一个巨大的树荫）

图3-55　树下空间为人提供了休憩的场所

4）完全封闭空间

除具备覆盖空间的特点外，这类空间的垂直面也是封闭的，四周均被中小型植被所封闭。这类空间是完全封闭的，无方向性，具有较强的隐蔽性和隔离感，空间形象十分明朗，常见于森林中（图3-56、图3-57、图3-58）。

5）垂直空间

运用高而细的植物能形成一个方向直立、朝天开敞的室外空间，垂直感的强弱取决于四周的开敞程度。这种空间的营造尽可能用圆锥形的植物（图3-59、图3-60、图3-61）。

花园绿色树丛中隐藏的小路和休闲空间是人们躲避喧嚣的好场所。

图3-57　封闭空间

图3-56　完全封闭的空间

图3-58　封闭空间内的休息区

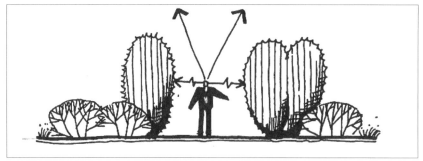

图3-59　高灌木在垂直面封闭空间，但顶平面视线开阔

图3-60　植物构成封闭空间

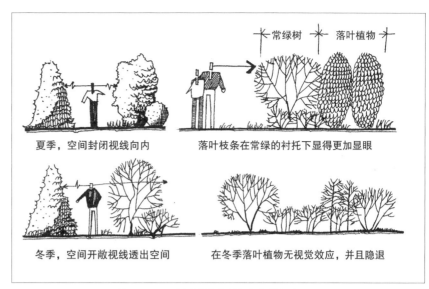

常绿树　落叶植物

夏季，空间封闭视线向内　　　　落叶枝条在常绿的衬托下显得更加显眼

冬季，空间开敞视线透出空间　　在冬季落叶植物无视觉效应，并且隐退

图 3-61　不同季节植物封闭视线的程度不同

3. 植物空间序列的形成

就像建筑中的通道、门、墙、窗，引导游人进出和穿越一个个空间。如植物改变顶平面，同时有选择性地引导和组织空间的视线就能有效地缩小空间和放大空间。空间的节奏需在设计时进行控制。如曲径通幽、柳暗花明等（图 3-62）。

1）围合

完善由建筑和墙所构成的空间范围。当一个空间的两面或三面是建筑或墙，剩下的开敞面可由植物围合形成一个完整的空间。

2）连接

用植物将景观中其他孤立的因素连接成一个完整的室外空间，同时形成更多的围合面。连接形式多用线性的种植。当然，植物也可以在更大

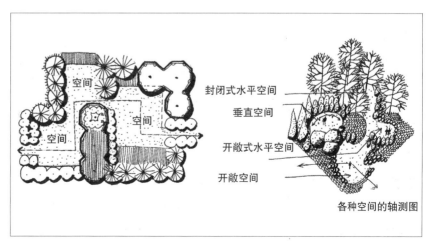

空间

空间

空间

封闭式水平空间

垂直空间

开敞式水平空间

开敞空间

各种空间的轴测图

图 3-62　植物空间序列

范围内进行山水、建筑的联系，使人工和自然要素统一在绿色中（图 3-63、图 3-64）。

3）装饰和软化

沿墙面种植乔木、灌木或攀缘性植物，以植物来装饰没有生机的背景，使其自然生动，高低疏密的植物形成变幻的空间（图 3-65、图 3-66）。

建筑内通过带状的种植，将真正的自然，如植物、光和水引入室内空间中。

每个空间之间的过渡，配置攀缘性植物和灌木，营造了空间的神秘感。

4）加强与削弱

植物与地形结合可以强调或削弱由平面上地形变化形成的空间。将

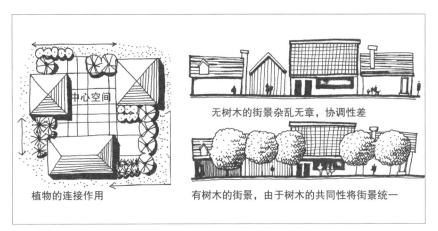

图 3-63　植物连接空间

图 3-64　乔木连接街道空间

图 3-65　植物的装饰和软化

图 3-66　植物形成变幻的空间

植物置于凸地形或山脊上，能明显增加凸地形的高度，随之增强了相邻凹地或谷底的封闭感。相反，若将植物种植在凹地形的底部或周围的斜坡上，将减弱或消除地形所形成的空间（图 3-67 至图 3-70）。

在园林植物景观设计中，不仅仅是确定植物材料的平面布局形式，而且还要重视植物群落立体的层次配置，形成功能合理、景观优美的植物景观群落。应根据种植功能的差异来选择合理的结构形式，如对于以野生动物庇护、环境教育为主要功能的绿地，应采用三层结构的栽植模式。而在城市园林中，考虑到尺度的调和、采光、人的活动等不同的因素，植物栽植的模式可能采用比较简单的结构。

图 3-67 植物削弱和消除由地形所形成的空间

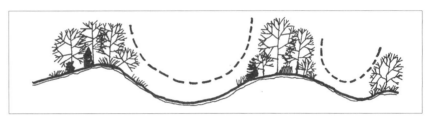

图 3-68 植物增强由地形形成的空间

图 3-69 大地景观

图 3-70   后方的大乔木强调了地形的最高点

4. 植物引导视线

1）对景与分景

在景观布局安排中，观赏景物的视线或风景线引申达到的终点要有一定的景物作为观赏对象，处理这种关系就是对景。规则式植物景观多是以轴线形式来布置和安排，主要的观赏视线或风景线也就是主轴，两旁的景物对称地衬托着所对的终点景物（图 3-71）。

分景是将景观分为若干区，使其各具特色，发挥对比、变化的作用。分景是造景的重要方式，有一些景观忌一览无余，要有相当的含蓄、隐藏，以吸引游人探寻，有时可以利用植物进行适当的区分或遮蔽，使景物在游园的过程中逐步显露（图 3-72）。

2）障景与漏景

障景是指将另一景区完全遮挡起来。所用材料一般是不通透的实物，如视线不能透过的灌木丛。一种障景是不完全的，邻近景区的景物可以或

图 3-71   对景（苏州留园）

图 3-72   分景（颐和园的长廊）（长廊与不同尺度的植物将风景分隔成两边，一边是近于自然的广大湖山，另一边是近于人工的楼台亭阁）

多或少地透过景物显露出来，如疏林或悬垂的枝叶（图 3-73 至图 3-78）。

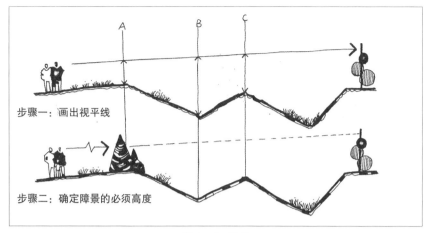

图 3-73　障景

图 3-74　常绿植物在任何季节都可以作屏障

图 3-75　视线分析

图 3-76　私密控制

图 3-77　无锡贡湖湾湿地公园

图 3-78　别墅庭院中的障景

　　隐约显露的景物称"漏景"。透漏程度不等，产生的情趣和效果也有差异。景物半隐半现地透漏，有依稀迷离之美，引起人们寻幽探胜的兴致。从性质上，前者是处于衬托的地位，如果过分修饰或鲜艳夺目则会妨碍对主要景物的欣赏，后者属于过渡和引导（图 3-79 至图 3-83）。

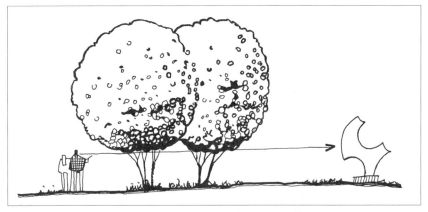

图 3-79　作为植物前景的树干可以漏景

图 3-80　漏景（通过树木枝干交织成的网络或稀疏的枝叶缝隙看园中的景物，将获得丰富的空间层次变化，增强景观的进深感）

图 3-81　苏州网师园，园中的景色从池的一岸透过茂密的树丛看到对岸的亭廊，从而使之变得更加含蓄

图 3-82　梅园中的凉亭

图 3-83　北京玉渊潭公园（丛林漏景，虚实相映）

3）框景与夹景

植物景观要以完美的结构出现于人们眼前，本身应有完整的构图组织。同时，还要使观赏者注意力集中到画面的精彩部分。主要的措施也像绘画那样，给画面以一定的范围，将干扰画面的外围景物排除在外。造景时也可以将完整的风景画面加上景框，这就是"框景"（图 3-84、图 3-85）。构成框景的植物应该选用高大、挺拔、形状规整的植物，如桧柏、侧柏、油松。而位于透景线上的植物则要求比较低矮、不能阻挡视线，并且具有较高的观赏价值，如一些草坪、地被植物、低矮的花灌木等。

图 3-84　框景

图 3-85　用树干或两组树形成框景景观，可获得较佳构图

向远处伸展的景色，为增加景深和吸引观赏者的注意，可于前景、中景位置的两侧安排树丛、树行等景物，将视线围起来，使风景线、轴线的透视效果和终点景物更加突出，称为"夹景"（图 3-86）。它的处理有框景性质，只是景框着重于左右两侧布置。

图 3-86　植物遮蔽两侧，创造出透景空间，使人产生深邃的感觉

3.3　园林植物空间的感知

空间是由人的感知而存在的，是一种客观的存在。空间具有生命力，人类认识空间、理解空间、感受空间的目的在于创造出有人性的空间，寻找开启人性空间的钥匙。

3.3.1　视觉感知

人的视觉具有辨别事物形状、深度、色彩和质感的能力，视觉是对空间感知的最重要的途径。感知不同于感觉是在于其是一个积极的视觉过程。"大脑只对某些选择的视觉特征进行反应。毫无疑问最初对大脑来说这些被高度提炼出来的特征特别重要，同时那些不重要的特征被忽略掉了"。这个过程被定义为"视觉思维"。人的视知觉具有"选择性""补足性"和"辨别性"。选择性表明视觉感知能够积极选择所感兴趣的对象；补足性是把握对象的整体并能进行简单的分析；辨别性是人对对象尽心区分和辨别的能力。

3.3.2　空间感知

植物空间的形状是空间感知的重要因素，人们对于园林植物空间的感知是通过视觉对植物的形体轮廓进行观察给大脑提供多个部分的信息，再通过知觉的组织、联想而形成的。植物空间的特征还表现在空间的比例和尺度的变化上（图 3-87、图 3-88）。比例是各部分之间的内部关系，尺度是空间大小之间的关系。从外部空间设计的尺度来看：12 米的空间尺度使人感到亲切；25 米为较宽松的人性化尺度；景物的主要尺度与视距相等时，难以看清其全貌，只能观察其细节。视距为 2 倍时，景物作为整体而出现；视距为 3 倍时，景物在视觉中仍然是主体，但与其他的物体产生关联；视距为 4 倍以上时，景物成为全景中的一个组成要素。因此，静态空间合适的 D/H 比值在 1∶2~3 较好，大于 1∶4 空间就缺乏封闭感（图 3-89、图 3-90）。比值小于 1∶1 时，空间转化为封闭感很强的绿色廊道空间，是园林植物动态空间的理想比例。

图 3-87　荷兰食品 IT 公司 Schouw，充满自然绿意的办公室（植物墙所在主视觉空间的比例，一般以占主视觉空间的 30% 为宜，明显小于这个比例会有空虚感，大于这个比例则会有臃肿感）

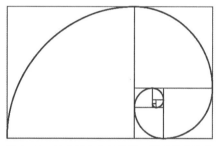

图 3-88　植物墙自身的比例，可以参考植物墙的长与高借鉴黄金分割比例

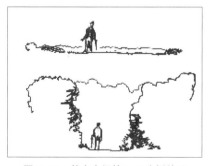

图 3-89　静态空间的 D/H 比例关系

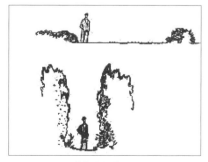

图 3-90　动态空间的 D/H 比例关系

3.3.3　典型案例——杭州花港观鱼公园

1. 空间结构分析

"花港观鱼"是西湖十景之一，建园前夕仅残留一方鱼池、一座碑亭和3亩荒园。公园的布局充分利用了原有的自然地形条件，恢复和发展了历史的景观，形成主题特色鲜明"花""港""鱼"的景区划分。公园总占地面积为18.03公顷。其中，水面为3.3公顷，占总用地的18.4%。

"花港观鱼"的规划充分体现了植物造景为主的思想，全园以中国传统名花牡丹、海棠、樱花为主调，共选用观赏植物157个种类。草坪在园林植物景观中占有较大的比重，达40%左右。其中，雪松大草坪面积为1.64公顷。

在园林空间的构图上，既吸取了中国古典园林的艺术手法，又借鉴了英国自然风景园植物景观设计的思想，形成了空间开合收放、景观层次丰富、植物景观特色鲜明的整体布局结构。在园林空间的组织中，延续了中国古典园林中以自然山水为核心的传统。利用地形和园林植物进行空间的组织和划分，具体设计手法体现在：

1）结构方式

花港观鱼公园的空间结构采用了集中、组团、包容和线性组合4种结构方式（图3-91）。集中式组合是由一定数量的次要空间围绕一个中心空间构成一种稳定、向心的空间结构。在花港观鱼的草坪空间的组织中基本上采用了这种结构形式。中心草坪空间在尺度上占统治性地位，成为空间中的主体。围绕其边缘点缀的林带和树丛又形成了次要的空间，增加了空间的变化，满足了不同的功能需求。

组团组合的结构形式在花港观鱼公园中体现在观鱼区和局部的草坪空间组织中。组团结构的空间形式多样、结构松散，没有明确的中心，空间形态灵活多变。包容组合是在一个大空间中包含了一个或多个小空间而形成的视觉及空间关系，花港观鱼中的"藏山阁"草坪就采用了这种结构类型。

线式组合是花港观鱼中采用最多的空间结构形式，结合道路的设计将一系列的植物空间单元形成了一种串联式的空间结构体系。

2）空间形态

花港观鱼公园的植物景观空间形态可归结为三种类型：焦点形、"口"形和"U"形（图3-92）。焦点形空间形态是在景观空间中具有明显的视觉焦点，控制整个空间区域。花港观鱼中的"藏山阁"草坪中，"藏山阁"是草坪空间中的视觉焦点，控制了整个草坪空间。观鱼区和牡丹园也采用了同样的形式。

"U"形和"L"形的植物空间在花港观鱼公园中使用最多，通过地形和植物将空间的三面封闭形成了具有明确范围的植物空间。这种空间的内聚性

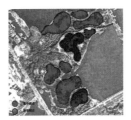
图 3-91 空间的结构方式

图 3-92 空间的形态构成

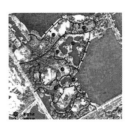
图 3-93 路径与空间节点

使在空间内孤植或丛植的树丛成为视觉的焦点。同时，这种空间又具有明确的方向性，使园内的植物空间与外部的西湖景观产生相互资借的联系。

"口"形为四面围合的植物空间，界定了明确而完整的空间范围，在花港观鱼公园中也经常使用。这种植物空间内向、安静的品质为游人安静休息提供了良好的场所。

3）路径与空间节点

花港观鱼公园的路径根据其构成的特点分为封闭式和开敞式两种类型（图 3-93）。封闭式路径是指被植物覆盖所形成的线性空间形态，这种路径基本是绿色廊道的空间形式，强调空间的流动。开敞式路径是局部封闭或完全开敞的形式，在引导空间流动的同时，强调路径与其他景域所发生的关系，暗示停留的可能。与路径相关的是公园中空间节点的设置，空间节点可以有不同的表现方式，在花港观鱼公园中采用了园林建筑、孤植树丛、岛屿和山石等。

2. 空间节点分析

花港观鱼雪松大草坪面积约 14 080m^2，是花港观鱼公园内最大的草坪活动空间，也是杭州疏林草地景观的杰出代表（图 3-94、图 3-95）。

（1）雪松大草坪以高大挺拔的雪松作为主要的植物材料，在体量上相互衬托，十分匹配。雪松单一树种的集中种植体现出了树种的群体美。

（2）适当的缓坡地形，更强调了雪松伟岸的树形。

（3）四角种植的方式，既明确限定了空间，又留出了中央充分的观景

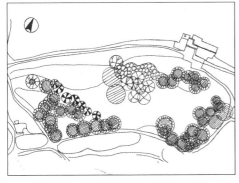
图 3-94 花港观鱼雪松大草坪平面图

图 3-95 草坪春季景观

空间和活动空间，景观效果与功能都得到了极大的满足。

为强调公园的休闲性质、适当缓和雪松围合形成的肃穆气氛，设计者在本组雪松林缘错落种植了8株樱花，春季景观效果突出。

（1）该组植物结构简单、层次分明。

（2）雪松深绿色的背景为盛开的樱花提供了极佳的背景，折线状自然种植的单排樱花恰似一片浮云，蔚为壮观。

（3）其合理的间距与冠幅体现了整体性与连续性。由于樱花的观赏时间较短，故大多数时间仍以欣赏雪松群植的形体美为主。

（4）樱花的平均高度约为雪松平均高度的1/3，上下层次清晰。樱花间距5~8m，为现有平均冠幅的1倍以上，三三两两的组合彼此呼应，体现了视觉上的连续性，并预留了较大的生长空间。

（5）在平面图上还可以发现，8株樱花的疏密变化与12株雪松的组合颇为类似，中间紧，两头松，模拟自然界从密林至林缘的生长模式产生自然的景观效果，并以类似的组合方式使两种植物具有内在的联系，和谐统一。

该组植物为雪松大草坪的中心和主景，植物种类包括雪松、香樟、无患子、枫香、乐昌含笑、北美红杉、桂花、茶梅、大叶仙茅、麦冬等，是雪松大草坪中物种最为丰富的一组（图3-96、图3-97）。

图3-96　雪松大草坪中心主景

图3-97　物种最为丰富的空间

（1）该组植物岛状点缀于草坪中央，自南侧主路望去成为观赏的主景；自草坪东西两头望去，则划分了草坪空间，增加了长轴上的层次，延长了景深。无患子、枫香的秋色叶为整个草坪空间增加了绚烂的秋色，桂花的香味则拓展了植物景观的嗅觉层次。

（2）该组植物中的北美红杉据说是美国前总统尼克松访华时从美国带来赠送给中国的礼物之一，颇具历史文化价值。

（3）为了使该草坪空间增加夏季景观，在东侧靠近翠雨厅附近的列植雪松间增添了火棘球与紫薇的组合，丰富了季相景观。

该组植物为雪松纯林，植株较其他两组高大，主要是为了体现雪松的个体美和群体美，其中最大的一株雪松胸径达 1 800px，冠幅达 16m；最高的一株雪松高达 17m（图 3-98）。

总体而言，雪松大草坪是非常成功的植物造景实例，设计者以大量的常绿针叶树种围合空间，奠定了雄浑的气势，体现出南方少有的硬朗，又在局部穿插具有本地特色的代表树种和观花树种，表现出刚柔并济的植物景观效果，不得不让人为设计师的匠心与植物的美所折服。

图 3-98 雪松纯林

第四章　园林植物的观赏特性

从系统分类来看,全世界约有各类植物50万种,其中高等植物(包括被子植物、裸子植物、蕨类植物和苔藓类植物)在35万种以上,常作园林应用的植物约数千种。为了提高观赏性、增加产量或抗性等目的,"种"下又培育出了许多"品种",如梅花 Prunus mume 已有3系5类16型共323个品种,现代月季品种更超过了2万余种等。园林植物除采用系统分类外,还常根据形态、生长习性及不同的用途等进行各种方法的人为分类,以便对浩繁的植物界的内部关系或各类植物的应用特性有更方便和更透彻的了解。

4.1　园林植物类别

园林植物按照通常园林应用的分类方法可分为:林(树木),如乔木、灌木、藤本;草本(花卉),如有观赏价值的草本植物、草本或木本的地被植物、花灌木、开花乔木及盆景等(表4-1)。

表 4-1　园林植物分类

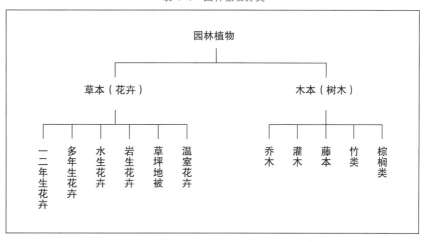

4.1.1　观赏树木

木本植物,指根和茎因增粗生长形成大量的木质部,而细胞壁也多数木质化的坚固植物,是草本植物的对应词。地上部分为多年生,分乔木和灌木。观赏树木则是木本植物中具有观赏价值的植物的总称(表4-2)。

表 4-2　观赏树木分类

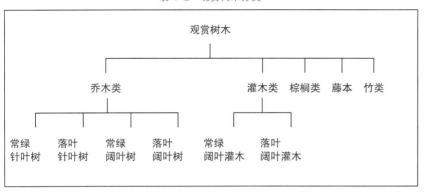

1. 乔木

乔木是指树身高大的树木，由根部发生独立的主干，树干和树冠有明显区分。常见到的高大树木都是乔木，如木棉、松树、玉兰、白桦等。乔木按冬季或旱季落叶与否又分为落叶乔木和常绿乔木。

（1）常绿乔木：指终年具有绿叶的乔木，并且每年都有新叶长出，在新叶长出的时候也有部分旧叶脱落，由于是陆续更新，所以终年都能保持常绿。

（2）落叶乔木：指每年秋冬季节或干旱季节叶全部脱落的乔木，由于短日照，其内部生长素减少，脱落酸增加，产生离层的结果。

乔木多体量大，具有明显主干，根据高度之差细分为小乔（5~10m）、中乔（10~20m）和大乔（20m 以上）3 类。

其景观功能都是作为植物空间的划分，起到围合、屏障、装饰、引导及美化作用（图 4-1）。

● 小乔：高度适中，最接近人体的仰视视角，故成为城市生活空间的主要构成树种。

● 中乔：具有包容中小型建筑或建筑群的围合功能，并"同化"城市空间中的硬质景观（步行环境、车辆环境、街道小品）结构，把城市空间环境有机、统一地协调为一个整体。

● 大乔：多应用在特殊环境之下，如点缀、衬托高大建筑或创造明暗空间变化，引导游人视线等。

1）常绿针叶树

常绿树，是一种终年具有绿叶的乔木，每年都有新叶长出，新叶长出时部分旧叶脱落，陆续更新，终年保持常绿，如樟树、紫檀、马尾松等。针叶是裸子植物常见的叶子外形，常绿针叶乔木是指常绿乔木中具有针形叶或

图 4-1　利用乔木群体构成封闭围合空间，是园林中对空间处理的常用手法

条形叶的乔木，多为裸子植物，针叶植物较阔叶植物更耐寒。主要分布于热带、亚热带地区，不耐寒，四季常青，包括了木兰科、樟科、桃金娘科、山茶科、木犀科等多数属、种。

重点掌握的树种：

（1）雪松（松科，雪松属 Cedrus deodara）

雪松，是世界著名的庭园观赏树种之一。它具有较强的防尘、减噪与杀菌功能，也适宜作工矿企业绿化树种。

雪松树体高大，树形优美，最适宜孤植于草坪中央、建筑前庭之中心、广场中心或主要建筑物的两旁及园门的入口等处。其主干下部的大枝自近地面处平展，长年不枯，能形成繁茂雄伟的树冠（图 4-2、图 4-3）。

（2）黑松（松科，松属 Pinus thunbergii）

黑松，为著名的海岸绿化树种，可用作防风、防潮、防沙林带及海滨浴场附近的风景林，可作行道树或庭阴树。在国外亦有密植成行并修剪成整齐式的高篱，围绕于建筑或住宅之外，既有美化又有防护作用。

黑松在园林绿化中也是使用较多的优秀苗木。黑松可以用于道路绿化、小区绿化、工厂绿化、广场绿化等，绿化效果好，恢复速度快，而且价格低廉（图 4-4、图 4-5）。

（3）圆柏（柏科，圆柏属 Sabina chinensis）

圆柏幼龄树树冠整齐呈圆锥形，树形优美，大树干枝扭曲，姿态奇古，可以独树成景，是中国传统的园林树种。中国古来多配植于庙宇陵墓作墓道树或柏林。其树形优美，青年期呈整齐之圆锥形，老树则干枝扭曲，古庭院、古寺庙等风景名胜区多有千年古柏，"清""奇""古""怪"各具幽趣。可以群植草坪边缘作背景，或丛植片林、镶嵌树丛的边缘、建筑附近（图 4-6、图 4-7）。

图 4-2　列植于园路的两旁，形成甬道，极为壮观

图 4-3　雪松（果）

图 4-4　黑松

图 4-5　黑松（果）

图 4-6　圆柏列植

图 4-7　圆柏（果）

图4-8　竹柏园　　　　　　　　图4-9　竹柏（叶）

（4）竹柏（罗汉松科，竹柏属 Nageia nagi）

竹柏枝叶青翠而有光泽，树冠浓郁，树形美观，是近年发展起来的广泛用于庭园、住宅小区、街道等地段绿化的优良风景树，一般偏好用大苗移栽（图4-8、图4-9）。

2）落叶针叶树

落叶针叶树，是指每年秋冬季节或干旱季节叶全部脱落的，以适应寒冷或干旱的具有针形叶或条形叶的乔木，多为裸子植物。落叶是植物减少蒸腾、度过寒冷或干旱季节的一种适应，这一习性是植物在长期进化过程中形成的。

重点掌握的树种：

（1）金钱松（松科，金钱松属 Pseudolarix amabilis）

金钱松，为珍贵的观赏树木之一，与南洋杉、雪松、金松和北美红杉合称为世界五大公园树种。其树姿优美，叶在短枝上簇生，辐射平展成圆盘状，似铜钱，深秋叶色金黄，极具观赏性。可孤植、丛植、列植或用作风景林（图4-10至图4-13）。

（2）水杉（杉科，水杉属 Metasequoia glyptostroboides）

水杉，是"活化石"树种，为秋叶观赏树种。在园林中最适于列植，也可丛植、片植，可用于堤岸、湖滨、池畔、庭院等绿化，也可盆栽，也可成片栽植营造风景林，并适配常绿地被植物（图4-14、图4-15）；还可栽于建筑物前或用作行道树。水杉对二氧化硫有一定的抵抗能力，是工矿区绿化的优良树种。

（3）落羽杉（杉科，落羽杉属 Taxodium distichum）

落羽杉，是优美的庭园、道路绿化树种。其枝叶茂盛，秋季落叶较

图4-10　金钱松　　　　图4-11　深秋夜色金黄　　　　图4-12　金钱松（花）　　　　图4-13　金钱松（果）

图 4-14　华南植物园中的水杉

迟，冠形雄伟秀丽，在中国大部分地区都可作工业用树林和生态保护林（图 4-16、图 4-17）。

（4）墨西哥落羽杉（杉科，落羽杉属 Taxodium mucronatum）

落叶期短、生长快，树形高大挺拔，是优良的绿地树种。可作孤植、对植、丛植和群植，也可种于河边、宅旁或作行道树。耐水湿，耐盐碱，是江南地区理想的庭院、道路、河道绿化树种和周边成片造林的树种，也是海滩涂地、盐碱地的特宜树种（图 4-18、图 4-19）。

（5）池杉（杉科，落羽杉属 Taxodium ascendens）

池杉，为速生树种，树形婆娑，枝叶秀丽，秋叶棕褐色，是观赏价值很高的园林树种。适生于水滨湿地条件，特别适合水边湿地成片栽植、孤植或丛植为园景树。可在河边和低洼水网地区种植，或在园林中作孤植、丛植、片植配置，亦可列植作道路的行道树（图 4-20、图 4-21）。

3）常绿阔叶树

常绿阔叶树，是指常绿乔木中叶型较大的乔木，四季常绿，叶片多革质、表面有光泽，叶片排列方向垂直于阳光。多集中于壳豆科、樟科、山

图 4-15　水杉（果）

图 4-16　落羽杉林

图 4-17　落羽杉（果）

图 4-18　墨西哥落羽杉

图 4-19　墨西哥落羽杉（叶）

图 4-20　池杉

图4-21 池杉(果)

茶科、木兰科。

重点掌握的树种:

(1)榕树(桑科,榕属 Ficus microcarpa)

在景观园林设计中,榕树除了可以作为行道树与庇荫树,还可以充分发挥其观赏价值作为园林景观树与孤赏树。一般来说,种植一些高大的榕树,如万年阴与大叶榕等,能够增加园林景观的整体气势(图4-22、图4-23)。

(2)深山含笑(木兰科,含笑属 Michelia maudiae)

中国特有物种,叶鲜绿,花纯白艳丽,为庭园观赏树种和周边绿化树种(图4-24、图4-25)。

(3)桂花(木犀科,木犀属 Osmanthus fragrans)

桂花,是中国传统十大名花之一,在中国古代的咏花诗词中,咏桂之作的数量也颇为可观。自古就深受中国人的喜爱,被视为传统名花。

图4-22 庭院入口的榕树气势磅礴

图4-23 榕根须轻盈飘逸

图4-24 深山含笑

图4-25　深山含笑（花）

图4-26　金桂

图4-27　银桂

图4-28　丹桂

桂花是集绿化、美化、香化于一体的观赏与实用兼备的优良园林树种，清可绝尘，浓能远溢，堪称一绝。尤其是仲秋时节，丛桂怒放，夜静轮圆之际把酒赏桂，沉香扑鼻，令人神清气爽（图4-26至图4-28）。

（4）茶花（山茶科，山茶属 Camellia japonica）

茶花，在中国的栽培历史可追溯到蜀汉时期（公元221—263年）。当时人们就非常看重茶花的地位，茶花被列为"七品三命"。宋代，栽培茶花开始风行，"门巷欢呼十里寺，腊前风物已知春"描述的就是当时茶花盛开的情景。

茶花的品种极多，是中国传统的观赏花卉，"十大名花"中排名第八，亦是世界名贵花木之一（图4-29、图4-30）。

图4-29　山茶树

图4-30　茶花

4）落叶阔叶树

落叶阔叶树，是指冬季叶片全部脱落以适应寒冷或干旱的环境，叶片较大、非针形或条形的乔木。冬季以休眠芽的形式过冬，叶和花等脱落；待春季转暖，降水增加的时候纷纷展叶，开始旺盛的生长发育过程。

重点掌握的树种：

（1）银杏（银杏科，银杏属 Ginkgo biloba）

银杏树体高大，树干通直，姿态优美，春夏翠绿，深秋金黄，是园林绿化、行道、公路、田间林网、防风林带的理想栽培树种（图4-31、图4-32），被列为中国四大长寿观赏树种（松、柏、槐、银杏）。

（2）垂柳（杨柳科，柳属 Salix babylomica）

垂柳枝条细长，生长迅速，自古以来深受中国人民热爱。最宜配植在水边，如桥头、池畔、河流、湖泊等水系沿岸处。与桃花间植可形成桃红

图 4-31　秋季银杏

图 4-32　银杏（果）

图 4-33　湖畔垂柳

图 4-34　垂柳（枝条）

图 4-35　枫杨

图 4-36　枫杨（果）

柳绿之景，是江南园林春景的特色配植方式之一（图 4-33、图 4-34）。也可作庭荫树、行道树、公路树。亦适用于工厂绿化，也是固堤护岸的重要树种。

（3）枫杨（胡桃科，枫杨属 Pterocarya stenoptera）

枫杨，叶多为偶数或稀奇数羽状复叶，果实长椭圆形。枫杨树冠宽广，枝叶茂密，生长迅速，是常见的庭荫树和防护树种（图 4-35、图 4-36）。

（4）榔榆（榆科，榆属 Ulmus parvifolia）

别称：小叶榆。树形优美，姿态潇洒，树皮斑驳，枝叶细密，在庭院中孤植、丛植，或与亭榭、山石配置都很合适。也可选作矿区厂绿化住宅树种（图 4-37、图 4-38）。

（5）杂交鹅掌楸（木兰科，鹅掌楸属 Liriodendron chinense × tulipifera）

树姿雄伟，树干挺拔，树冠开阔，枝叶浓密，春天花大而美丽，入秋后叶色变黄，宜作庭园树和行道树，或栽植于草坪及建筑物前（图 4-39、图 4-40）。

图 4-37　榔榆

图 4-38　榔榆（叶）

图 4-39　杂交鹅掌楸　　　　　　　　　　　　图 4-40　杂交鹅掌楸（秋叶）

2. 灌木

灌木，是指那些没有明显的主干、矮小而丛生的木本植物，一般可分为观花、观果、观枝干等几类。常见灌木有玫瑰、杜鹃、牡丹、小檗、黄杨、沙地柏、铺地柏、连翘、迎春、月季、荆、茉莉、沙柳等。

●高大灌木：其高度超越人的视线，主要用于景观分隔与空间围合，对于小规模的景观环境来说，则用在屏蔽视线与限定不同功能空间的范围。

●小型灌木：其空间尺度最具亲人性，并且高度在视线以下，在空间设计上具有形成矮墙、篱笆以及护栏的功能，所以对使用者在空间中的行为活动与景观观赏有至关重要的影响。由于视线的连续性、加上光影变化不大，所以从功能上易形成半开放式的空间。

1）常绿阔叶灌木

常绿灌木是指四季保持常绿的丛生木本植物。在华南常见，耐寒力较弱，北方多温室栽培，种类众多。

常绿阔叶灌木是指常绿灌木中叶形较为大型，非针形或条形的灌木。

重点掌握的树种：

（1）阔叶十大功劳（小檗科，十大功劳属 Mahonia bealei）

阔叶十大功劳，四季常绿，树形雅致，枝叶奇特。花色秀丽，开黄色花，果实成熟后呈蓝紫色。叶形秀丽尖有刺，叶色艳美，是观赏花木中的珍贵者（图 4-41、图 4-42）。

（2）石楠（蔷薇科，石楠属 Photinia serrulata）

石楠，枝繁叶茂，枝条能自然发展成圆形树冠，终年常绿。叶片翠绿色，具光泽，早春幼枝嫩叶为紫红色，枝叶浓密，老叶经过秋季后部分

图 4-41　阔叶十大功劳（花）　　　　　　图 4-42　阔叶十大功劳（果）

图 4-43　石楠（花）

出现赤红色，夏季密生白色花朵，秋后鲜红果实缀满枝头，鲜艳夺目，是一种观赏价值极高的常绿阔叶乔木，作为庭荫树或进行绿篱栽植效果更佳（图 4-43、图 4-44）。

根据园林绿化布局需要，可修剪成球形或圆锥形等不同的造型。在园林中孤植或基础栽植均可，丛栽使其形成低矮的灌木丛，可与金叶女贞、红叶小檗、扶芳藤、俏黄芦等组成美丽的图案，可获得赏心悦目的效果。

（3）八角金盘（五加科，八角金盘属 Fatsia japonica）

八角金盘，是优良的观叶植物。四季常青，叶片硕大。叶形优美，浓绿光亮，适宜栽植于庭院、门旁、窗边、墙隅及建筑物背阴处，也可点缀在溪流滴水之旁，还可成片群植于草坪边缘及林地。对二氧化硫抗性较强，适于厂矿区、街坊种植（图 4-45、图 4-46）。

（4）杜鹃（杜鹃花科，杜鹃属 Rhododendron simsii）

别名：映山红，落叶灌木，花期4—5月。适宜成片栽植，开花时万紫千红，可增添园林的自然景观效果。也可在岩石旁、池畔、草坪边缘丛栽，以增添庭园气氛。盆栽摆放宾馆、居室和公共场所，绚丽夺目（图 4-47、图 4-48）。

（5）栀子花（茜草科，栀子属 Gardenia jasminoides）

叶色四季常绿，花芳香素雅，绿叶白花，格外清丽可爱。它适用于池畔和路旁配置（图 4-49、图 4-50）。

图 4-44　石楠

图 4-45　八角金盘

图 4-46　八角金盘（叶）

图 4-47　杜鹃

图 4-48　杜鹃（花）

图 4-49　野生栀子花

图 4-50　野生栀子花（花）　　　图 4-51　紫叶小檗　　　图 4-52　紫叶小檗（叶）　　　图 4-53　重瓣棣棠

2）落叶阔叶灌木

落叶灌木，是指灌木中冬季落叶以度过寒冷季节的种类。其分布很广，种类多，用途广泛。许多种类都是优秀的观花、观果、观叶树种，被大量用于地栽、盆栽观赏。

落叶阔叶灌木，是指叶形较大，如卵形、披针形、卵圆形等非针形叶或条形叶的冬季叶全部落光的灌木。

重点掌握的树种：

（1）紫叶小檗（小檗科，小檗属 Berberis thunbergii 'Atropurpurea'）

园林中常用于常绿树种作块面色彩布置，可用来布置花坛、花镜，是园林绿化中色块组合的重要树种（图 4-51、图 4-52）。

（2）棣棠（蔷薇科，棣棠属 Kerria japonica）

棣棠花枝叶翠绿细柔，金花满树，别具风姿，可栽在墙隅及管道旁，有遮蔽之效。宜作花篱、花径，群植于常绿树丛之前、古木之旁、山石缝隙之中或池畔、水边、溪流及湖沼沿岸成片栽种，均甚相宜；若配植疏林草地或山坡林下，则尤为雅致，野趣盎然（图 4-53、图 4-54）。

（3）紫荆（豆科，紫荆属 Cercis chinensis）

紫荆，宜栽庭院、草坪、岩石及建筑物前，用于小区的园林绿化，具有较好的观赏效果（图 4-55、图 4-56）。

（4）木槿（锦葵科，木槿属 Hibiscus syriacus）

木槿，是夏、秋季的重要观花灌木。南方多作花篱、绿篱；北方作庭园点缀及室内盆栽。木槿对二氧二硫与氯化物等有害气体具有很强的抗性，同时还具有很强的滞尘功能，是有污染工厂的主要绿化树种（图 4-57、图 4-58）。

图 4-54　重瓣棣棠（花）（充分利用可绿化的地段，提高工厂绿地覆盖率）　　　图 4-55　紫荆（主入口处一般为办公大楼，保留空地较多，可作为绿化的重点）

图 4-56　紫荆（花）　　　　　　　　　　　　　　　　图 4-57　木槿

图 4-58　木槿（花）　　　　　图 4-59　迎春　　　　　图 4-60　迎春（花）

（5）迎春（木犀科，素馨属 Jasminum nudiflorum）

迎春花与梅花、水仙和山茶花统称为"雪中四友"，是中国常见的花卉之一。因其在百花之中开花最早，花后即迎来百花齐放的春天而得名（图 4-59、图 4-60）。

迎春花不仅花色端庄秀丽，气质非凡，具有不畏寒威、不择风土、适应性强的特点，历来为人们所喜爱。迎春花栽培历史 1 000 余年，唐代白居易诗《代迎春花召刘郎中》，以及宋代韩琦《中书东厅迎春》和明代周文华撰《汝南圃史》均有记载。

3. 藤本

藤本植物（Vine 或 liana），植物体细长，不能直立，只能依附别的植物或支持物，缠绕或攀缘向上生长的植物。藤本依茎质地的不同，又可分为木质藤本（如葡萄、紫藤等）与草质藤本（如牵牛花、长豇豆等）。

藤本植物，多以墙体、护栏或其他支撑物为依托，形成竖直悬挂或倾斜的竖向平面构图，使其能够较自然地形成封闭与围合效果，并起到柔化附着体的作用（图 4-61）。

重点掌握的种类：

（1）木香（蔷薇科，蔷薇属 Rosa banksiae）

木香，是中国传统花卉，在园林上可攀缘于棚架，也可作为垂直绿化材料攀缘于墙垣或花篱。春末夏初，洁白或米黄色的花朵镶嵌于绿叶之中，

图 4-61 运用攀缘植物搭以支架引缚，待枝叶郁闭，营造出清爽深邃的绿色通道　　图 4-62 木香　　图 4-63 木香（花）

散发出浓郁芳香，令人回味无穷；而到了夏季，其茂密的枝叶又为人遮去毒辣辣的烈日，带来阴凉（图 4-62、图 4-63）。

（2）紫藤（豆科，紫藤属 Westeria sinensis）

紫藤，又名藤萝、朱藤，是优良的观花藤木植物，一般应用于园林棚架，春季紫花烂漫，别有情趣。适栽于湖畔、池边、假山、石坊等处，具独特风格（图 4-64、图 4-65）。

紫藤为长寿树种，民间极喜种植，成年的植株茎蔓蜿蜒屈曲，开花繁多，串串花序悬挂于绿叶藤蔓之间，瘦长的荚果迎风摇曳，自古以来中国文人皆爱以其为题材咏诗作画。在庭院中用其攀绕棚架，制成花廊，或用其攀绕枯木，有枯木逢春之意。还可做成姿态优美的悬崖式盆景，置于高几架、书柜顶上，繁花满树、老桩横斜，别有韵致。

紫藤对二氧化硫和氧化氢等有害气体有较强的抗性，对空气中的灰尘有吸附能力，在绿化中已得到广泛应用，尤其在立体绿化中发挥着举足轻重的作用。它不仅可达到绿化、美化效果，同时也发挥着增氧、降温、减尘、减少噪音等作用。

（3）常春藤（五加科，常春藤属 Hedera nepalensis）

常春藤叶形美丽，四季常青，在庭院中可用以攀缘假山、岩石，或

图 4-64 紫藤　　　　　　　　　　　　　　图 4-65 紫藤（花）

图 4-66 常春藤

图 4-67 常春藤

图 4-68 金银花

图 4-69 金银花（花）

在建筑阴面作垂直绿化材料。在华北宜选小气候良好的稍阴环境栽植（图 4-66、图 4-67）。

常春藤在绿化中已得到广泛应用，尤其在立体绿化中发挥着举足轻重的作用。它不仅可达到绿化、美化效果，同时也发挥着增氧、降温、减尘、减少噪音等作用，是藤本类绿化植物中用得最多的材料之一。

（4）金银花（忍冬科，忍冬属 Lonicera japonica）

金银花由于匍匐生长能力比攀缘生长能力强，故更适合于在林下、林缘、建筑物北侧等处做地被栽培；还可以做绿化矮墙；亦可以利用其缠绕能力制作花廊、花架、花栏、花柱以及缠绕假山石，等等（图 4-68、图 4-69）。

（5）凌霄（紫葳科，凌霄属 Campsis grandiflora）

凌霄干枝虬曲多姿，翠叶团团如盖，花大色艳，花期甚长 ，为庭园中棚架、花门之良好绿化材料；用于攀缘墙垣、枯树、石壁，均极适宜；点缀于假山间隙，繁花艳彩，更觉动人；经修剪、整枝等栽培措施，可成灌木状栽培观赏；管理粗放、适应性强，是理想的城市垂直绿化材料（图 4-70、图 4-71）。

4.1.2 草本（花卉）

花卉的茎，木质部不发达，支持力较弱，故称草质茎。具有草质茎的

图 4-70 凌霄

图 4-71 凌霄（花）

花卉，叫作草本花卉。草本花卉的主要观赏及应用价值在于其色彩的多样性，其与地被植物结合，不仅可增强地表的覆盖效果，更能形成独特的平面构图。

在应用上重点突出体量上的优势，没有植物配置在"量"上的积累，就不会形成植物景观"质"的变化。在城市景观中经常采用的方法是：花坛、花台、花境以及花带、悬盆垂吊等。

草本花卉中，按其生育期长短不同，又可分为一年生、二年生和多年生几种。

1. 一年生草本花卉

生活期在一年以内，当年播种，当年开花、结实，当年死亡。如一串红、刺茄、半支莲（细叶马齿苋）等。

重点掌握的种类：

（1）鸡冠花（苋科，青葙属 Celosia cristata）

鸡冠花，因其花序红色、扁平状，形似鸡冠而得名，享有"花中之禽"的美誉。高茎种，可用于花境、花坛，点缀树丛外缘。

鸡冠花对二氧化硫、氯化氢具良好的抗性，可起到绿化、美化和净化环境的多重作用，适宜作厂、矿绿化用，称得上是一种抗污染环境的大众观赏花卉（图 4-72、图 4-73）。

（2）波斯菊（菊科，秋英属 Cosmos bipinnatus）

波斯菊，株形高大，叶形雅致，花色丰富，有粉、白、深红等色，适合作花境背景材料，也可植于篱边、山石、崖坡、树坛或宅旁。在草地边缘、树丛周围及路旁成片栽植美化绿化，颇有野趣（图 4-74、图 4-75）。

（3）万寿菊（菊科，万寿菊属 Tagetes erecta L）

万寿菊，是一种常见的园林绿化花卉，其花大、花期长，常用来点缀花坛、广场、布置花丛、花境和培植花篱。中、矮生品种适宜作花坛、花径、花丛材料，也可作盆栽；植株较高的品种可作为背景材料（图 4-76、图 4-77）。

万寿菊的品种根据植株的高低来分类：

图 4-72   鸡冠花

图 4-73   鸡冠花（花）

图 4-74   波斯菊

图 4-75   波斯菊（花）

图 4-76   万寿菊

图 4-77　万寿菊（花）

图 4-78　一串红

图 4-79　一串红（花）

图 4-80　百日草

图 4-81　百日草（花）

图 4-82　凤仙花

高茎种，株高为 70~90 厘米，花形大；

中茎种，株高为 50~70 厘米；

矮生种，株高为 30~40 厘米，花形小。

根据花形来分类，可分为蜂窝型、散展型、卷沟型。

（4）一串红（唇形科，鼠尾草属 Salvia splendens Ker-Gawler）

一串红，是常用红花品种。秋高气爽之际，花朵繁密，色彩艳丽。常用作花丛、花坛的主体材料，也可植于带状花坛或自然式纯植于林缘。常与浅黄色美人蕉、矮万寿菊、浅蓝或水粉色水牡丹、翠菊、矮霍香蓟等配合布置（图 4-78、图 4-79）。

（5）百日草（菊科，百日草属 Zinnia eIegans）

百日草，花大色艳，开花早、花期长。株型美观，可按高矮分别用于花坛、花境、花带（图 4-80、图 4-81）。

（6）凤仙花（凤仙花科，凤仙花属 Impatiens balsamina）

凤仙花，如鹤顶、似彩凤，姿态优美，妩媚悦人。中国各地庭园广泛栽培，为常见的观赏花卉。香艳的红色凤仙和娇嫩的碧色凤仙都是早晨开放，故早晨是欣赏凤仙花的最佳时机。

凤仙花因其花色、品种极为丰富，是美化花坛、花境的常用材料，可丛植、群植和盆栽（图 4-82、图 4-83）。

（7）羽叶茑萝（旋花科，茑萝属 Quamoclit pinnata）

羽叶茑萝，花形呈聚伞状，一朵或数朵同生在总花梗上。花以红色为多，也有粉色和白色，花期 7—10 月。

羽叶茑萝是窗下、阳台、竹篱和棚架等处垂直绿化和美化的优良花卉，既遮夏日，又避烟尘，可给人带来清凉之感（图 4-84、图 4-85）。

2. 二年生草本花卉

生活期跨越两个年份，一般是在秋季播种，到第二年春夏开花、结实直至死亡。

图 4-83　凤仙花（花）　　　　　　　图 4-84　羽叶茑萝　　　　　　图 4-85　羽叶茑萝（花）

重点掌握的种类：

（1）虞美人（罂粟科，罂粟属 Papaver rhoeas）

虞美人的花多彩多姿、颇为美观，适用于花坛栽植。在公园中成片栽植，景色非常宜人。因为一株上花蕾很多，此谢彼开，可保持相当长的观赏期。如分期播种，能从春季陆续开放到秋季（图 4-86、图 4-87）。

（2）金盏花（菊科，金盏菊属 Calendula off icinalis.L）

花黄色或橙黄色，花期 4—9 月，果期 6—10 月。是早春园林和城市中最常见的草本花卉之一（图 4-88、图 4-89）。

（3）三色堇（堇菜科，堇菜属 Viola tricolor L）

三色堇，在庭院布置上常地栽于花坛上，可作毛毡花坛、花丛花坛，成片、成线、成圆镶边栽植都很相宜。还适宜布置花境、草坪边缘，不同的品种与其他花卉配合栽种能形成独特的早春景观（图 4-90、图 4-91）。

巨大花系，花径可达 10 厘米。如壮丽大花（CV.Majestic Giant）、奥勒冈大花（CV.Oregon Giant），罗加和集锦（CV.Rogglis Elite Mixture）。

大花系，花径 6~8 厘米。如瑞士大花（CV.Swissis Giant）为花色鲜艳的矮生性品种。

图 4-86　虞美人　　　　　　图 4-87　虞美人（花）　　　　　图 4-88　金盏花

图 4-89　金盏花（花）　　　　图 4-90　三色堇　　　　　图 4-91　三色堇（花）

中花系，花径 4~6 厘米。如三马杜（CV.Tfi-mardeau）、海玛（CV. Hiemalis），适用于布置花坛。

切花系，品种群植株高，花柄长 15~25 厘米，适于保护地栽培。

（4）紫罗兰（十字花科，紫罗兰属 Matthiola incana）

紫罗兰，花朵茂盛，花色鲜艳，香气浓郁，花期长，花序也长，为众多爱花者所喜爱。适宜于盆栽观赏、布置花坛、台阶、花径，整株花朵可作为花束（图 4-92、图 4-93）。

（5）雏菊（菊科，雏菊属 Bellis perennis）

雏菊的叶为匙形丛生呈莲座状，密集矮生，颜色碧翠。从叶间抽出花葶，一葶一花，错落排列，外观古朴，花朵娇小玲珑，色彩和谐。早春开花，生气盎然，具有君子的风度和天真烂漫的风采。

雏菊作为街头绿地的地被花卉具有较强的魅力，可与金盏菊、三色堇、杜鹃、红叶小檗等配植（图 4-94、图 4-95）。

图 4-92　紫罗兰

图 4-93　紫罗兰（花）

图 4-94　雏菊

图 4-95　雏菊（花）

3. 多年生草本花卉

生长期在两年以上，它们的共同特征是都有永久性的地下部分（地下根、地下茎），常年不死。但它们的地上部分（茎、叶）却存在两种类型：有的地上部分能保持终年常绿，如文竹、四季海棠、虎皮掌等；有的地上部分，是每年春季从地下根际萌生新芽长成植株，到冬季枯死，如芍药、美人蕉、大丽花、鸢尾、玉簪、晚香玉等。

多年生草本花卉，由于它们的地下部分始终保持着生活能力，所以又概称为宿根类花卉。

重点掌握的种类：

（1）石竹（石竹科，石竹属 Dianthus chinensis）

石竹，株型低矮，茎秆似竹，叶丛青翠，自然花期 5—9 月，从暮春季节可开至仲秋，温室盆栽可以花开四季。花顶生枝端，单生或成对，也有呈圆锥状聚伞花序；花径不大，仅 2~3 厘米，但花朵繁茂，此起彼伏，观赏期较长。花色有白、粉、红、粉红、大红、紫、淡紫、黄、蓝等，五彩缤纷，变化万端（图 4-96、图 4-97）。

园林中可用于花坛、花境、花台或盆栽，也可用于岩石园和草坪边缘点缀。大面积成片栽植时可作景观地被材料。另外，石竹有吸收二氧化硫和氯气的本领，凡有毒气的地方可以多种。

（2）四季海棠（秋海棠科，秋海棠属 Begonia semperflorens）

四季海棠，株姿秀美，叶色油绿光洁，花朵玲珑娇艳，广为大众喜闻乐见。是花坛、吊盆、栽植槽、窗箱的材料，较多用于花坛欣赏（图 4-98、图 4-99）。

（3）大丽花（菊科，大丽花属 Dahlia pinnata Cav）

大丽花之所以被称为世界名花之一，主要是因为它的花期长、花径大、花朵多。在北方地区，花期从 5 月至 11 月中旬，在温度适宜条件下可周年开花不断，以秋后开花最盛。精品大丽花最大花径可达到 30~40 厘米，是目前花卉中独一无二的。

大丽花花色有红、紫、白、黄、橙、墨、复色七大色系，花朵有单瓣和重瓣，单瓣花朵开放时间短些，重瓣花朵开放时间较长。花朵特征与瓣形变化是品种鉴定的主要依据，有球型、菊花型、牡丹型、装饰型、碟型、

图 4-96　石竹　　　　　图 4-97　石竹（花）　　　　图 4-98　四季海棠　　　　图 4-99　四季海棠（花）

盘型、绣球型和芍药型等花型的品种群体，以色彩瑰丽、花朵优美而闻名。因此，大丽花适宜花坛、花径或庭前丛植（图 4-100、图 4-101）。

（4）美人蕉（美人蕉科，美人蕉属 Canna indica L）

美人蕉，花大色艳、色彩丰富，株形好，栽培容易。且现在培育出许多优良品种，观赏价值很高，可盆栽，也可地栽，可装饰花坛。

美人蕉不仅能美化人们的生活，而且又能吸收二氧化硫、氯化氢、二氧化碳等气体，抗性较好，叶片虽易受害，但在受害后又重新长出新叶，很快恢复生长。由于它的叶片易受害，反应敏感，所以被人们称为监视有害气体污染环境的活的监测器。其具有净化空气、保护环境的作用，是绿化、美化、净化环境的理想花卉（图 4-102、图 4-103）。

（5）芍药（芍药科，芍药属 Paeonia lactiflora Pall）

芍药属于十大名花之一，可作专类园、切花、花坛用花等。芍药花大色艳，观赏性佳，和牡丹搭配可在视觉效果上延长花期，因此常和牡丹搭配种植（图 4-104、图 4-105）。

图 4-100 大丽花

图 4-101 大丽花（花）

图 4-102 美人蕉

图 4-103 美人蕉（花）

图 4-104 芍药

图 4-105 芍药（花）

4. 水生花卉

水生花卉（Waterornamentalplants），泛指生长于水中或沼泽地的观赏植物，与其他花卉明显不同的习性是对水分的要求和依赖远远大于其他各类，因此也构成了其独特的习性。

水生花卉种类繁多，中国有 150 多个品种，是园林、庭院水景园林观赏植物的重要组成部分。常见品种有阿芬椒草、阿根廷蜈蚣草、埃及莎草、矮慈姑、矮皇冠草、巴戈草、白花睡莲、百叶草、宝塔草、荸荠、波浪草、茶叶草、菖蒲、长艾克草、莼菜、慈姑、粗梗水蕨、大宝塔草、大喷泉、大水兰等。

1）挺水型水生花卉（包括湿生于沼生）

植株高大、花色艳丽，绝大多数有茎、叶之分；根或地下茎扎入泥中生长发育，上部植株挺出水面。

重点掌握的种类：

（1）荷花（睡莲科，莲属 Nelumbo nucifera Gaertn）

荷花，是莲科莲属多年生水生草本植物，通常在水花园里种植。荷花又称莲花，古称芙蓉、菡萏、芙蕖，是中国十大名花之一。依用途不同可分为藕莲、子莲和花莲三大系统。"接天莲叶无穷碧，映日荷花别样红"就是对荷花之美的真实写照。荷花"中通外直，不蔓不枝，出淤泥而不染，濯清涟而不妖"的高尚品格，历来为古往今来诗人墨客歌咏绘画的题材之一（图 4-106、图 4-107）。

（2）黄花鸢尾（鸢尾科，鸢尾属 Iris wilsonii C. H. Wright）

黄花鸢尾，叶片翠绿如剑，花色艳丽而大型，如飞燕群飞起舞，靓丽无比，极富情趣。可布置于园林中的池畔、河边的水湿处或浅水区，既可观叶，亦可观花，是观赏价值很高的水生植物。如点缀在水边的石旁、岩边，更是风韵优雅，清新自然（图 4-108、图 4-109）。

（3）千屈菜（千屈菜科，千屈菜属 Lythrum salicaria L）

千屈菜，又称水枝柳、水柳、对叶莲。姿态娟秀整齐，花色鲜艳醒目，可成片布置于湖岸河旁的浅水处。如在规则式石岸边种植，可遮挡单调枯燥的岸线。其花期长，色彩艳丽，片植具有很强的绚染力。盆植效果亦佳，与荷花、睡莲等水生花卉配植极具烘托效果，是极好的水景园林造景植物。也可盆栽摆放庭院中观赏，亦可作切花用（图 4-110、图 4-111）。

2）浮叶型水生花卉

根状茎发达，花大、色艳，无明显的地上茎或茎细弱不能直立，而它们的体内通常储藏有大量的气体，使叶片或植株漂浮于水面。

图 4-106 荷花

图 4-107 荷花（花）

图 4-108 黄花鸢尾

重点掌握的种类：

①睡莲（睡莲科，睡莲属 Nymphaea L）

睡莲，喜阳光、通风良好的环境，所以白天开花的热带和耐寒睡莲在晚上花朵会闭合，到早上又会张开。在岸边有树荫的池塘，虽能开花，但生长较弱。3—4月萌发长叶，5—8月陆续开花，每朵花开2~5天，花后结实。10—11月茎叶枯萎。翌年春季又重新萌发。在长江流域3月下旬至4月上旬萌发，4月下旬或5月上旬孕蕾，6—8月为盛花期，10—11月为黄叶期，11月后进入休眠期。生于池沼、湖泊中，一些公园的水池中常有栽培（图4-112、图4-113）。

②王莲（睡莲科，王莲属 Victoria regia Lindl）

王莲，以巨大厅物的盘叶和美丽浓香的花朵而著称。观叶期150天，观花期90天，若将王莲与荷花、睡莲等水生植物搭配布置，将形成一个完美、独特的水体景观，让人难以忘怀。如今王莲已是现代园林水景中必不可少的观赏植物，也是城市花卉展览中必备的珍贵花卉，既具有很高的观赏价值，又能净化水体。在大型水体多株形成群体，气势恢宏。不同的环境也可以选择栽种不同品种的王莲，亚马孙王莲株型小些，叶碧绿，适合庭院观赏；克鲁兹环形莲株型较大，更适合大型水域栽培（图4-114、图4-115）。

图4-109 黄花鸢尾（花）

图4-110 千屈菜

图4-111 千屈菜（花）

图4-112 睡莲（苏州博物馆）

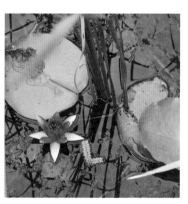

图4-113 睡莲（花）

图4-114 亚马孙王莲

图4-115　克鲁兹王莲

5. 草坪和地被

1）草坪

草坪是指由人工建植或人工养护管理，以禾本科草及其他质地纤细的植物为覆盖，并以它的根和匍匐茎充满土壤表层的起绿化美化作用的草地。适用于美化环境、园林景观、净化空气、保持水土、提供户外活动和体育运动场所。它一般设置在屋前、广场、空地和建筑物周围，供观赏、游憩或作运动场地之用。

用于城市和园林中草坪的草本植物主要有结缕草、野牛草、狗牙根草、地毯草、钝叶草、假俭草、黑麦草、早熟禾、剪股颖等。

（1）冷季型草坪草

适宜的生长温度在15℃~25℃，气温高于30℃，生长缓慢。在炎热的夏季，冷季型草坪草进入了生长不适阶段，此时如果管理不善则易发生问题。

重点掌握的种类：

①草地早熟禾（禾本科，早熟禾属Poa pratensis L）

草地早熟禾，根状茎，叶色诱人，绿期长，观赏效果好。适宜气候冷凉、湿度较大的地区生长，抗寒能力强，耐旱性稍差，耐践踏。根茎繁殖迅速，再生力强，耐修剪。在北方及中部地区、南方部分冷凉地区广泛用于公园、机关、学校、居住区、运动场等地绿化（图4-116）。

②加拿大早熟禾（禾本科，早熟禾属Poa compressa Linn）

不能形成密集的高质量草坪，因此常用于路边、固土护坡等对草坪质量要求不高、管理粗放的草坪建植（图4-117）。

③多年生黑麦草（禾本科，黑麦草属Lolium perenne L）

黑麦草，喜温凉湿润气候。宜于夏季凉爽、冬季不太寒冷地区生长。10℃左右能较好生长，27℃以下为生长适宜温度，35℃生长不良（图4-118）。

图 4-116 草地早熟禾

④高羊茅（禾本科，羊茅属 Festuca elata）

高羊茅，可在华北和西北中南部没有极端寒冷冬季的地区、华东和华中，以及西南高海拔较凉爽地区种植。高羊茅是国内使用量最大的冷季型草坪草种之一。

高羊茅可用于家庭花园、公共绿地、公园、足球场等运动草坪、高尔夫球场的障碍区、自由区和低养护区的全阳面或半阴面。作为混播成分，还可与草地早熟禾和多年生黑麦草等混播，起到抗中等程度修剪的效果（图 4-119）。

（2）暖季型草坪

暖季型草种一般在夏季至仲秋生长茂盛，晚秋或冬季草株地上部分枯黄，地下部分根茎呈休眠状态越冬。主要生长季节在夏季，寒冷的冬天一般休眠。

重点掌握的种类：

①细叶结缕草（禾本科，结缕草属 Zoysia tenuifolia Willd. ex Trin）

细叶结缕草是优质观赏型草坪草种，喜温暖气候和湿润的土壤环境，也具有较强的抗旱性。该草形成的草坪低矮平整，茎叶纤细美观，又具一

图 4-117 加拿大早熟禾

图 4-118 多年生黑麦草

图 4-119 高羊茅

图 4-120　细叶结缕草

定的弹性，加上侵占力极强，易形成草皮，所以常栽种于花坛内作封闭式花坛草坪或作草坪造型供人观赏。因其耐践踏性强，故也可用作运动场、飞机场及各种娱乐场所的美化植物（图 4-120）。

②沟叶结缕草（马尼拉）（禾本科，结缕草属 Zoysia matrell）

马尼拉草，生长缓慢，具有较高的观赏价值，是中国西南地区常用暖季型草坪物种。因匍匐生长特性、较强竞争能力及适度耐践踏性，马尼拉草可广泛用于铺建庭院绿地、公共绿地及固土护坡场合（图 4-121）。

③假俭草（禾本科，蜈蚣草属 Eremochloa ophiuroides (Munro) Hack）

假俭草，由于其茎叶平铺地面，形成草坪密集、平整、美观、厚实、柔软而富有弹性，舒适而不刺皮肤。其秋冬开花抽穗，花穗多且微带紫色，远望一片棕黄色，别具特色，是华东、华南诸省较理想的观光草坪植物，被广泛用于园林绿地，或与其他草坪植物混合铺设运动草坪，也可用于护岸固堤（图 4-122）。

④地毯草（禾本科，地毯草属 Axonopus compressus）

地毯草的匍匐枝蔓延迅速，每节上都生根和抽出新植株，植物体平铺地面成毯状，故称地毯草，为铺建草坪的草种。根有固土作用，是一种良好的保土植物；又因秆叶柔嫩，为优质牧草。在华南地区为优良的固土护坡植物材料，广泛应用于绿地中（图 4-123）。

⑤狗牙根（禾本科，狗牙根属 Cynodon dactylon）

狗牙根，具有根状茎及匍匐枝，匍匐枝的扩展能力极强、广铺地面。为良好的固堤保土植物，常用以铺建草坪或球场（图 4-124）。

草坪按用途又可分为：游憩草坪、观赏草坪、运动场草坪、交通安全草坪和保土护坡草坪。

图 4-121　马尼拉草

图 4-122　假俭草

图 4-123　地毯草

图 4-124　狗牙根

（1）游憩草坪

游憩草坪，可开放供人入内休息、散步、游戏等户外活动之用。一般选用叶细、韧性较大、较耐踩踏的草种（图4-125）。

（2）观赏草坪

观赏草坪，不开放，不能入内游憩。一般选用颜色碧绿均一、绿色期较长、能耐炎热又能抗寒的草种（图4-126）。

（3）运动场草坪

运动场草坪，根据不同体育项目的要求选用不同草种，有的要选用草叶细软的草种，有的要选用草叶坚韧的草种，还有的要选用地下茎发达的草种（图4-127）。

（4）交通安全草坪

交通安全草坪，主要设置在陆路交通沿线，尤其是高速公路两旁以及飞机场的停机坪上（图4-128）。

（5）保土护坡的草坪

保土护坡的草坪，用以防止水土被冲刷，防止尘土飞扬。主要选用生长迅速、根系发达或具有匍匐性的草种（图4-129）。

草坪作为景观的一部分，是最受设计师欢迎的景观元素之一，在园林上的应用非常广泛。加入设计元素的草坪，不再只是简单地铺草，它们有

图4-125 游憩草坪

图4-126 观赏草坪

图4-127 运动场草坪

图 4-128 交通安全草坪

图 4-129 保土护坡的草坪

了生命，有了语言，有了诗意，有了想象空间。

　　草坪作背景，无论在规则式布局，还是自然式布局当中，都能起到非常好的效果。与构成整体景观的其他景物都非常好地融合到一起，可同时起到对比与调和作用（图 4-130、图 4-131）。

图 4-130 自然式草坪（纽约中央公园）

图 4-131 椭圆形的草坪广场（侵华日军南京大屠杀遇难同胞纪念馆）

图 4-132　草坪与乔木形成的疏林草地景观　　　图 4-133　石材与草坪形成对比

草坪充分发挥了它开阔、整齐、均一等特点，从对比调和等方面来突出主景和配景植物的景观特点，形成季相丰富、变化灵活的疏林草地、密林草地等景观（图 4-132）。

在路面绿化中、石缝中嵌草或草皮上嵌石，浅色的石块与草坪形成的对比，可增强视觉效果。此时，还可根据石块拼接不同形状，组成多种图案，如方形、人字形、梅花形等图案，设计出各种地面景观，以增加景观的韵律感（图 4-133）。

2）地被

（1）地被花卉的特点及作用

地被花卉，是指株丛紧密、低矮，用以覆盖同林地面而免杂草滋生并形成一定的园林地被景观的植物种类。

这些地被植物大多生长低矮、扩展性强、控制高度在 30~50 厘米或稍高，具有地面使用价值或具有观赏价值。它们比草坪应用更为灵活，在不良土壤、树荫浓密以及黄土暴露的地方，可以代替草坪生长。同时地被花卉种类繁多，可以广泛地选择。它不仅包括多年生低矮草本植物，还有一些适应性较强的低矮、匍匐型的灌木和藤本植物。它们不仅可以增加植物层次，丰富园林景色，而且适应性和抗逆性很强，可粗放管理，并能防止土壤冲刷、减少或抑制杂草生长。同时，还具有净化空气、降低气温、减少地面辐射等生态作用。地被植物在同林绿化中所起的作用越来越重要，已是不可缺少的景观组成部分。

地被植物在乔木、灌木、草本多层植物的搭配中，季相丰富的植物层次变化能形成吸引人的组合体。乔木、灌木、草本结构的植物群落其生态效益比乔木、灌木两层及乔木单层结构要好。

按一定比例栽植地被植物可组成稳定性好、优美整洁的植物群落。特别是很多地被植物有鲜艳的花果、色彩丰富的叶片，可营造多层次、多色彩、多季相、多质感的景观，丰富了园林植物的景观配置，可明显提高绿化效果。

（2）地被植物的选择标准及应用分类

地被植物为多年生低矮植物，适应性强，包括匍匐型的灌木和藤本植物，具有观叶或观花及绿化和美化等功能，其选择标准为如下四点：

①植株低矮：常分为 30 厘米、50 厘米、70 厘米左右等几种，一般不超过 100 厘米。

②绿叶期较长：株丛能覆盖地面，具有一定的防护作用。

③生长势强：繁殖容易，拓展性强。

④适应性强：抗干旱、抗病虫害、抗瘠薄，便于粗放管理。

根据不同角度园林地被可有很多种分类，我们这里从常见的景观应用角度来进行归类，以便于设计参考。

●按观赏特点分类

①观花地被

观花地被，以一二年生花卉、宿根及球根花卉为主。常选择花期长、开花繁茂、扩展力强、繁殖快、栽培简单、管理粗放的种类。如二月兰、黑心菊、金鸡菊、紫花地丁、花菱草、石蒜、郁金香、硫华菊等地被植物（图 4-134、图 4-135、图 1-136）。

②观叶地被

观叶地被，有特殊的叶色与叶姿可供人欣赏，常选用叶色丰富、观叶期较长的植物。如蜂斗菜、八角金盘、菲白竹、赤胫散、蕨类植物、玉带草、金边阔叶山麦冬、紫叶酢浆草、大吴风草、荚果蕨等植物（图 4-137、图 4-138、图 4-139）。

③常绿地被

四季常青的地被植物，称为常绿地被植物。这类植物无明届的休眠期，一般在春季交替换叶。北方寒冷地区常采用常绿针叶类地被植物及少量抗

图 4-134　大花金鸡菊

图 4-135　石蒜

图 4-136　郁金香

图 4-137　紫叶酢浆草

图 4-138　蜂斗菜

图 4-139　大吴风草

寒性较强的常绿阔叶植物，如铺地柏、麦冬类、富贵草、常春藤等；南方大部分地区可采用的常绿地被非常丰富，如洒金珊瑚沿阶草、花叶蔓常春花络石、蔓长春花等（图4-140、图4-141、图4-142）。

图4-140　铺地柏　　　　图4-141　蔓长春花　　　　图4-142　富贵草

④落叶地被

落叶地被，指秋冬季地上部分枯萎落叶，来年可发芽生长的地被植物。如萱草、玉簪、落新妇、鸢尾等，适合建植大面积景观。北方大部分地区常采用此类植物，其种类丰富，既有观叶、观花，也有观果的植物（图4-143、图4-144、图4-145）。

图4-143　萱草

图4-144　玉簪　　　　　　　　　　图4-145　落新妇

图 4-146　一枝黄花

图 4-147　常夏石竹

●按配植环境分类

①喜光地被植物

此类植物适合栽植在光照充足、场地开阔的地块。在全光下生长良好，光照不足则茎细弱、节伸长、开花少。如金鸡菊、一枝黄花、常夏石竹、黑心菊等（图4-146、图4-147）。

②耐半阴地被植物

此类植物适合栽植在林缘、树坛下、稀疏树丛处，既能承受一定的光照强度，也有不同程度的耐阴能力。如石蒜、诸葛菜、连钱草等（图4-148、图4-149）。

③林下地被植物

此类植物适合栽植在郁闭度很高的乔灌木下层，在全光照下生长不良。如玉簪、虎耳草、白芨、蛇莓等（图4-150、图4-151）。

④耐湿地被植物

此类植物适合栽植在湿润的环境中，如溪边、沼泽、湿地处。如溪荪、黄菖蒲、鱼腥草、射干等（图4-152、图4-153）。

⑤耐盐碱地被植物

在贫瘠或轻度盐碱地能正常生长的植物。如鸢尾、多花筋骨草、金叶过路黄等（图4-154、图4-155）。

图 4-148　诸葛菜　　　　图 4-149　连钱草　　　　图 4-150　虎耳草　　　　图 4-151　蛇莓

图 4-152　黄菖蒲　　　　图 4-153　溪荪　　　　图 4-154　多花筋骨草　　　　图 4-155　金叶过路黄

4.2　园林植物景观素材及其观赏特性

人们欣赏生动的园林植物景观，是审美的想象、情感和理解的和谐活动。其中人的生理感知包含视觉、嗅觉、触觉、听觉和味觉。"卧听松涛""雨打芭蕉"就是园林中的以"听"而感。

园林植物无论是群体美，抑或个体美，都是由植物体的各个生命结构组合的形、色、味及质在人心理中产生的感应。我们把这些构成景观的植物生命结构称为园林植物景观素材——植物的姿态、叶、花、果、干、根。

4.2.1　园林植物的形态及其观赏性

1. 根脚

根脚，即植物根部露出地面的部分。大凡根脚具可赏之姿形的都属于乔灌木类，以其自然形态（如榕树的呼吸根），或加工形态独成景观（图 4-156、图 4-157）。

图 4-156　榕树的根脚　　　　图 4-157　落羽杉凸起的呼吸根如膝状，其奇异的根出形态同样构成景观

种类：

（1）帚状：樟。

（2）根出状：黑松、榕。

（3）条纹状：无患子、七叶树。

（4）瘤涡状：朴、榉。

（5）洞窟状：梅。

（6）钟乳状：银杏、紫薇。

（7）膝状：水松、落羽杉。

2. 树干

树干具有观赏性的大多是乔灌木（图 4-158、图 4-159）。

图 4-158 平滑而雪白的白桦干皮洁净，姿态飘逸，是理想的观干植物

图 4-159 庭院中的白桦

种类：

（1）隆起状：银杏。

（2）旋涡状：榉树。

（3）龟甲状：松。

（4）平滑状：白桦。

3. 枝条

枝条以其分枝数量、长短、枝序角等围合成各式的树冠以供赏鉴，所以树冠之美取决于枝条之姿（图 4-160）。

依枝条的性质可以分为如下几类：

（1）向上型：榉树、侧柏。

（2）下垂型：垂柳、垂桑、龙爪槐。

（3）水平型：冷杉、雪松、云杉、凤凰木。

（4）波状性：龙爪柳。

（5）攀缘型：紫藤、牵牛。

图 4-160 树叶凋零后更显出优美的树姿

4. 叶形

园林植物叶形各异，颇具欣赏价值，可分为：

1）单叶类

（1）针形：松类、柳杉、柏类等。

（2）披针形：夹竹桃、桂花、白玉兰、竹类、柳类、落叶松等。

（3）倒披针形：肉桂、马醉木等。

（4）线性：紫杉、冷杉、金钱松等。

（5）心脏性：紫荆、绿萝等。

（6）圆形：茉莉等。

（7）椭圆形：木兰、四照花等。

（8）广椭圆形：朴树等。

（9）掌状：梧桐等。

2）复叶类

（1）奇数羽状：黄檀、刺槐、黄连木、紫薇等。

（2）偶数羽状：无患子等。

（3）多重羽状：南天竹等。

（4）掌状：木棉、棕竹等。

叶形的观赏特性除以奇异之态供人欣赏之外，还以其群体之姿所产生的不同情态景观给人以美的享受（图 4-161）。棕榈、椰子、龟背竹给人以热带风光的情调；大型的掌状叶给人以朴素之感；大型的羽状叶给人以轻快、洒脱的意境。

5. 姿态

植物的姿态是指植物从总体形态与生长习性来表现大致的外部轮廓。它是由一部分主干、主枝、侧枝及叶幕决定的。姿态是园林植物景观的观赏特性之一，在植物景观的构图和布局中，它影响着统一性和多样性。姿态以枝为骨、叶为肉构成千姿百态的空间美（图 4-162、图 4-163）。

1）姿态的类型

（1）垂直向上型

①圆柱形：杜松、塔柏、钻天杨等。

②笔形：塔杨、铅笔柏等。

③尖塔形：雪松、金松、南洋杉、冲天柏等。

④圆锥形：圆柏、毛白杨等。

此类植物具有挺拔向上的生长气势，突出空间的垂直面，强调了群体和空间的垂直感和高度感。与低矮植物（特别是圆球形）交错配置，对比强烈，最宜成为视觉中心。宜用于严肃、庄严的空间。

图 4-161 庭院植物景观（清迈）
（在利用独具形态的观叶植物进行造景时，注意考虑到其物理特性与观赏距离的关系）

图 4-162 沃里克古堡（英国）

图 4-163　汉普顿宫（英国）（尖塔状的树型成为园中的主景）

（2）水平展开型

①偃卧形：偃柏、偃松、沙地柏等。

②匍匐形：葡萄、爬山虎等。

水平展开型植物既具有安静、平和、舒展恒定的积极表情，又具有疲劳、神秘、空旷的气氛。

水平展开型植物可以增加景观的宽广度，使植物产生外延的动势，并引导视线前进。因此，宜与垂直类植物共用，以产生纵横发展的极差。

另外，此类植物常形成平面效果，宜与地形的变化结合，或作地被，或用于建筑物的遮掩等（图 4-164）。

（3）无方向型

无方向在几何学中是指以圆、椭圆或者以弧形、曲线为轮廓的构图。

图 4-164　水平展开型植物引导视线前进

无方向型植物除自然形成外，亦有人工修整而形成实物，如黄杨球等。日本园林多用此类植物。

园林植物除以上姿态的表现特点及应用外，景观设计者在具体应用时还应注意以下几点：

①植物的姿态随季节及年龄的变化而具有较大的不稳定性。在设计时应抓住其最佳景观效果的姿态作优先考虑。如油松，越老姿态越奇特。

②景观以植物姿态为构图中心时，注意巧妙把握不同姿态的植物的重量感。

人工修剪的球体植物重，自然生长的植物轻。

③注意单株与群体之间的关系。群体的效果会掩盖单体的独特景象，如欲表现单体，应避免同类植物或同姿态植物的群植。

④太多不同姿态的植物配置在一起，给人以杂乱无章之感；而具相似姿态的不同种类配置在一起，却既有变化又显得统一。

2）植物姿态在景观设计中的作用

（1）可加强地形起伏。

（2）合理配置和安排姿态各异的植物，可以产生韵律感、层次感等组景效果。

（3）姿态独特的植物单株宜孤植点景，或作为视觉中心，或作为转角的标志。

4.2.2　园林植物的色彩及其观赏性

色彩是意境创造的灵魂，马克思说："色彩的美感是一般美感中最大众化的形式。"也就是说，人们对色彩的情感体现是最为直接，也是最普遍的。

植物色彩是空间情感意境营造的核心元素，它以不同的色彩搭配构成瑰丽多彩的景观，并赋予环境不同的性格：冷色所代表的宁静，暖色所代表的温暖，最终形成热烈奔放、朴素合宜、恬淡雅致、含蓄隽永等不同风格的意境（表 4-3 至表 4-6）。

由于空间透视的关系，暖色在色彩距离上有向前及接近的感觉，令人目光久留；而冷色容易分散人的视线，有后退及远近的感觉，使空间显得开阔。同一色相，纯度大的会产生近前的感觉，即鲜艳的色彩可使距离变短，空间变小；纯度小的则会产生退远的效果，即浅淡的颜色会给人以距离变远和空间变大的感觉（图 4-165）。

1. 不同色彩的植物景观表现

1）红色

红色与火同色，热情、奔放，有时也象征恐怖和动乱。红色极具注目性，

表 4-3　色彩的表现及其搭配

色彩	象征意义及其特点	适宜搭配	不适宜搭配	使用时的注意事项
红色	兴奋、快乐、喜庆、美满、吉祥、危险。深红色深沉热烈；大红色醒目；浅红色温柔	红色＋浅黄色 / 奶黄色 / 灰色	大红色＋绿、橙、蓝（尤其是深一点的蓝色）	最好将其安排在植物景观的中间且比较靠近边沿的位置，红色易造成视觉疲劳，会产生强烈而复杂的心理作用
橙色	金秋、硕果、富足、快乐和幸福	橙色＋浅绿色 / 浅蓝色＝响亮、快乐 橙色＋淡黄色＝柔和的过渡	橙色＋紫色 / 深蓝色	大量使用容易产生浮华之感
黄色	辉煌、太阳、财富和权力	黄色＋黑色 / 紫色＝醒目 黄色＋绿色＝朝气、活力 黄色＋蓝色＝美丽、清新 淡黄色＋深黄色＝高雅	黄色＋浅色（尤其白色） 深黄色＋深红色 / 深紫色 / 黑色	大量的亮黄色引起炫目，易引发视疲劳，很少大量运用，多作色彩点缀
绿色	生命、休闲 黄绿色单纯、年轻；蓝绿色清秀、豁达；灰绿色宁静、平和	深绿色＋浅绿色＝和谐、安宁 绿色＋白色＝年轻 浅绿色＋黑色＝年轻、大方 绿色＋浅红色＝活力 浅绿色＋黑色＝庄重、有修养	深绿色＋深红色 / 紫红色	可以缓解视觉疲劳
蓝色	天空、大海、永恒、忧郁	蓝色＋白色＝明朗、清爽 蓝色＋黄色＝明快	深蓝色＋深红色 / 紫红色 / 深棕色 / 黑色；大块的蓝色＋绿色	是最冷的色彩，让人感觉清琼
紫色	美丽、神秘、虔诚	紫色＋白色＝优美、柔和 偏蓝的紫色＋黄色＝强烈对比	紫色＋土黄色 / 黑色 / 灰色	低明度，容易造成心理上的消极感
白色	纯洁、白雪	大部分颜色	避免与浅色调搭配	易产生寒冷、严峻的感觉
黑色	神秘、稳重、阴暗、恐怖	大部分颜色（尤其浅色） 红色 / 紫色＋黑色＝稳重、深邃 金色 / 黄绿色 / 浅粉色 / 淡蓝色＋黑色＝鲜明的对比	尽量避免与深色调搭配	容易造成心理上的消极感和压迫感
灰色	柔和、高雅	大部分颜色	避免与明度低的色调搭配	可以在两种对比过于强烈的色彩之间形成过渡

表 4-4　色叶植物分布

分类			代表植物
季相色叶植物	秋色叶	红色 / 紫红色	黄栌、乌桕、漆树、卫矛、连香木、黄连木、地锦、五叶地锦、小檗、樱花、盐肤木、野漆、南天竹、花楸、百华花楸、红槲、山楂以及槭树类植物
		金黄色 / 黄褐色	银杏、白蜡、鹅掌楸、加杨、柳、梧桐、榆、槐、白桦、复叶槭、紫荆、栾树、麻栎、栓皮栎、悬林木、胡桃、水杉、落叶松、楸树、紫薇、榔榆、酸枣、猕猴桃、七叶树、水榆花楸、腊梅、石榴、黄槐、金缕梅、无患子、金合欢等
	春色叶	春叶　红色 / 紫红色	臭椿、五角枫、红叶石楠、黄花柳、卫矛、黄连木、枫香、漆树、鸡爪槭、茶条槭、南蛇藤、红栎、乌桕、火炬树、盐肤木、花楸、南天竺、山楂、枫杨、小檗、爬山虎等
		新叶特殊色彩	云杉、铁力木、红叶石楠等
常色叶植物	彩缘	银边	银边八仙花、镶边锦江秋兰、高加索常春藤、银边常春藤等
		红边	红边朱蕉、紫鹅绒等
	彩脉	白色 / 银色	银脉虾蟆草、银脉凤尾蕨、银脉爵床、白网纹草、喜阴花等
		黄色	金脉爵床、黑叶美叶芋等
		多种色彩	彩纹秋海棠等
		白色或红色叶片、绿色叶脉	花叶芋、枪刀药等
	斑叶	点状	洒金一叶兰、细叶变叶木、沈道新点水、洒金常春藤、白点常春藤等
		线状	斑马小凤梨、斑马鸭趾草、条斑一条兰、虎皮兰、虎纹小凤梨、金心吊兰等
		块状	黄金八角金盘、金心常春藤、锦叶白粉藤、虎耳秋海棠、变叶木、冷花草等
		彩斑	三色虎耳草、彩叶草、七彩朱蕉等
	彩色	红色 / 紫红色	美国红栌、红叶小檗、红叶景天等
		紫色	紫叶小檗、紫叶李、紫叶桃、紫叶欧洲槲、紫叶矮樱、紫叶黄栌、紫叶榛、紫叶梓树等

续表

分类		子　目	代　表　植　物
常色叶植物	彩色	黄色或金黄色	金叶女贞、金叶雪松、金叶鸡爪槭、金叶圆柏、金叶连翘、金山绣线菊、金焰绣线菊、金叶接骨木、金叶皂荚、金叶刺槐、金叶六道木、金钱树、金叶风箱果等
		银色	银叶菊、银边翠（高山积雪）、银叶百里香等
		叶两面颜色不同	银白杨、胡颓子、栓皮栎、青紫木等
		多种叶色品种	叶子花有紫色、红色、白色或红白两色等多个品种

表 4-5　植物花期、花色的配置

	白　色　系	红　色　系	黄　色　系	紫　色　系	蓝　色　系
春	白玉兰、广玉兰、白鹅梅、笑魇花、珍珠绣线菊、梨、山桃、山杏、白花碧桃、白丁香、山茶（白色品种，如水晶白、玉牡丹、白芙蓉等）、含笑、白花杜鹃、珍珠梅、流苏树、络石、石楠、文冠果、火棘、厚朴、油桐、鸡麻、欧李、麦李、接骨木、山樱桃、毛樱桃、稠李等	榆叶梅、山桃、山杏、碧桃、海棠、垂丝海棠、贴梗海棠、樱花、山茶、杜鹃、刺桐、木棉、红千层、牡丹、芍药、瑞香、锦带花、郁李等	迎春、连翘、东北连翘、腊梅、金钟花、黄刺玫、棣棠、相思树、黄素馨、黄兰、天人菊、杧果、结香、南洋楹等	紫荆、紫丁香、紫玉兰、九重葛、羊蹄甲、巨紫荆、黄山紫荆、映山红、山茶（紫红莲）、紫藤、泡桐、瑞香、琪桐（苞片白色）等	风信子、鸢尾、蓝花楹、矢车菊
夏	广玉兰、山楂、玫瑰、茉莉、七叶树、花楸、水榆花楸、木绣球、天目琼花、木槿、太平花、白兰花、银薇、栀子花、刺槐、槐、白花紫藤、木香、糯米条、日本厚朴等	楸树、合欢、蔷薇、玫瑰、石榴、紫薇（红色种）、凌霄、崖豆藤、凤凰木、缕斗菜、枸杞、美人蕉、一串红、扶桑、千日红、红王子锦带、香花槐、金山绣线菊、金焰绣线菊等	锦鸡儿、云实、鹅掌楸、黄槐、鸡蛋花、黄花夹竹桃、银桦、缕斗菜、蔷薇、万寿菊、天人菊、栾树、台湾相思、卫矛等	木槿、紫薇、油麻藤、千日红、紫花藿香蓟、牵牛花等	三色堇、鸢尾、蓝花楹、矢车菊、马蔺、飞燕草、乌头、缕斗菜、八仙花、婆婆纳等

表 4-6　植物果实的颜色

秋	秋茶、银薇、木槿、糯米条、八角金盘、胡颓子、九里香等	紫薇（红色种）、木芙蓉、大丽花、扶桑、千日红、红王子锦带、香花槐、金山绣线菊、金焰绣线菊、羊蹄甲等	桂花、栾树、菊花、合含欢、黄花夹竹桃等	木槿、紫薇、紫羊蹄甲、九重葛、千日红、紫花藿香蓟、翠菊等	风铃草、藿香蓟等
冬	梅、鹅掌柴等	一品红、山茶（吉祥红、秋牡丹、大红牡丹、早春大红球）、梅等	腊梅		

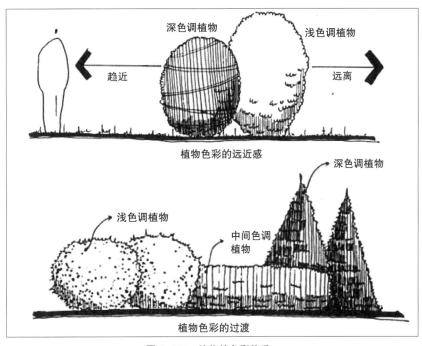

图 4-165　植物的色彩关系

但过多的红色刺激性过强，令人倦怠，心里烦躁，应用时需慎重。

（1）红色系观花植物

山桃、海棠花、梅、樱花、蔷薇、月季、玫瑰、石榴、红牡丹、山茶、杜鹃、红花夹竹桃、紫薇、扶桑、郁金香、美人蕉、一串红、凤尾鸡冠花等（图4-166）。

（2）红色果实植物

山楂、天目琼花、枸杞、樱桃、石榴等（图4-167）。

（3）秋叶呈红色植物

元宝枫、枫香、地棉、柿树等（图4-168）。

（4）春叶呈红色植物

石楠、桂花、五角枫等（图4-169）。

（5）正常叶色呈红色植物

三角苋、红枫等。

2）橙色

红黄的合成色，兼有火热、光明之特性，象征古老、温暖和欢欣。具有明亮、华丽、健康、温暖、芳香的感觉。

（1）橙色系观花植物

美人蕉、萱草、菊花、金盏菊、金莲花、孔雀草、金桂等。

（2）橙色果实植物

柚、橘、柿、甜橙等（图4-170）。

图4-166　樱花（Cerasus sp.），色彩淡粉，给人以恬静之感（日本）

图4-167　荚蒾属（Viburnum.），植物的果实鲜红亮丽，观赏性强

图4-168　秋季槭树属（Acer L.），植物的叶色呈红色（北京香山植物园）

图4-169　火红的枫叶漫山遍野层林尽染（科尔沁草原）

图 4-170 橙色的海棠果挂满枝头，独显秋色

图 4-171 曼陀罗花花朵硕大，形状如倒挂的喇叭，为黄色花系植物

图 4-172 金叶榕叶色常年呈金黄色，成为景观的焦点

图 4-173 夏日的圆明园（不同的绿色调合里组成园林的前、中、后景）

图 4-174 二乔玉兰，先花后叶，十分美丽

3）黄色

黄色明度高，给人以光明、辉煌、灿烂、柔和、纯净之感，具有崇高、神秘、华贵、高雅等感觉。

（1）黄色系观花植物

迎春、黄牡丹、腊梅、金光菊、金钟花、连翘、美人蕉、菊花等（图 4-171）。

（2）黄色果实植物

银杏、梅、杏等。

（3）秋色叶呈黄色植物

银杏、无患子、柳树、水杉、白桦、槐、洋白蜡、鹅掌楸、元宝枫等。

（4）正常叶色显黄色植物

金叶女贞、金叶榕、金叶小檗、金叶鸡爪槭等（图 4-172）。

4）绿色

绿色是植物及自然界中最普遍的色彩，是生命之色，象征青春、希望、和平，给人以宁静、休息的感觉。不同的绿色调合理搭配，具有很强的层次感（图 4-173）。

（1）嫩绿叶

多数落叶树之春色叶以及金银木、刺槐、洋白蜡等。

（2）浅绿叶

一些落叶阔叶树及部分针叶树，如合欢、悬铃木、玉兰、银杏、水杉、落叶松、北美乔松等（图 4-174）。

（3）深绿叶

一些阔叶常绿及落叶树，如女贞、大叶黄杨、水蜡、加杨等。

（4）暗绿叶

常绿针叶树及花草类，如油松、雪松、侧柏、葱兰等。

（5）灰绿叶

柱香柳、银柳、羊胡子、野牛草等。

5）蓝色

蓝色为经典的冷色和沉静色，在园林中，蓝色系植物用于安静处或老年人活动区。

（1）蓝色系观花植物

瓜叶菊、翠雀、风信子、八仙花、蓝刺头等。

（2）蓝色果实植物

海州常山、十大功劳等。

6）白色

白色象征纯洁和纯粹，感应于神圣与和平。白色明度最高，给人以明亮、干净、清楚、坦率、朴素的感觉；也易给人单调、凄凉和虚无之感。

（1）白色观花植物

白玉兰、白丁香、白牡丹、珍珠花、蜀葵、金银木、绣线菊、白碧桃、山梅花、杏花等。

（2）白色干皮植物

白桦、白皮松、银白杨、粉单竹、白杆竹、柠檬桉等。

2. 植物色彩美的常用搭配形式

园林植物色彩表现的形式是多样的，有同色系、互补色、邻近色色彩组合等。同色系相配的景物植物色彩协调统一；互补色能产生对比的艺术效果，给人强烈醒目的美感；而邻近色就较为和谐，给人舒缓的感觉（图 4-175）。

图 4-175　色相环［色相环上相对色彩（互补色）的植物搭配，能产生让人兴奋的色彩效果；色环上相近（邻近色）的植物搭配，能营造协调的效果］

园林植物的色彩另一种表现形式就是由明度彩度发生变化所产生的效果，整体色域的不同配置可以直接影响对比与协调。明度和彩度的双重变化是最能表现色彩效果的手段，而色域的整体配置又决定了园林的形式美。

3. 植物空间情感意境的营造

1）安宁祥和——淡黄色与绿色的搭配

黄绿色与淡黄色植物的搭配，色域范围为中高明度。柔美的中层次植物与黄绿色的地被草坪搭配，如针矛与地苔的结合，能形成安宁祥和的情感氛围，适用于庭院休憩空间（图 4-176）。

2）奔放热烈——黄色、橙色与红色的搭配

黄色与橙色、红色植物的搭配，色域范围为中高明高彩度。如菊花与美人蕉，在空间上拉开层次，形成奔放、热烈的氛围，适用于主行道两旁或娱乐园区（图4-177）。

3）轻松舒缓——淡紫色、紫色与绿色的搭配

黄色与橙色、红色植物的搭配，色域范围为中高明高彩度。锦绣成团的花与拔地而起的植物搭配，如菊花与美人蕉，在空间上拉开层次的同时，形成奔放、热烈的氛围，适用于主行道两旁或娱乐园区（图4-178）。

4）雅致自然——淡紫色、淡黄色与绿色的搭配

淡紫色、淡黄色、与绿色植物搭配，色域范围为中高明度。如红千蕨菜和绿植搭配，能形成自然、雅致的氛围，适用于公园和生活庭院空间（图4-179）。

5）愉悦轻松——灰绿色、米黄色与红色的搭配

灰绿色、米黄色与红色植物的搭配，色域范围为中明度中彩度。如红花萱草与草类植被高矮配植，能形成愉悦、轻松弛缓的氛围，适用于休闲公园和庭院空间（图4-180）。

6）清新自然——黄绿色同色系的搭配

黄绿色同色系植物的搭配，色域范围为中高明度。如细叶针茅与苔藓类草被植物的搭配，色彩接近，能形成清新自然、闲适洒脱的氛围，适用于休闲绿地空间（图4-181）。

图4-176　淡黄色与绿色的搭配　　图4-177　黄色、橙色与红色的搭配　　图4-178　淡紫色、紫色与绿色的搭配

图4-179　淡紫色、淡黄色与绿色的搭配　　图4-180　灰绿色、米黄色与红色的搭配　　图4-181　黄绿色同色系的搭配

7）灵动雀跃——绿色与紫色的搭配

绿色与紫色植物搭配，色域范围为高彩度。如大绒球和修剪规整的绿植搭配，能形成紧张、雀跃的氛围，适用于庭院、广场和公园绿地空间（图 4-182）。

8）温馨欢快——粉红色与绿色的搭配

粉红色与绿色植物搭配，色域范围为中高明度。如粉色郁金香和绿植搭配，能形成温馨欢快的氛围，适用于公园、庭院、广场空间（图 4-183）。

9）鲜明醒目——紫色、粉色与绿色的搭配

紫色、粉色与绿色植物搭配，色域范围为中高明度。如千屈菜、飞燕草和波斯菊、桔梗搭配，能形成情调鲜明、醒目的氛围，适用于休闲公园、庭院空间（图 4-184）。

10）张扬奔放——紫红色、橙色与黄色的搭配

紫色、橙色与黄色植物搭配，色域范围为高彩度。如各色品种的郁金香组合，能形成张扬、奔放、热烈的氛围，适用于公园、广场空间（图 4-185）。

图 4-182　绿色与紫色的搭配　图 4-183　粉红色与绿色的搭配　图 4-184　紫色、粉色与绿色的搭配　图 4-185　紫红色、橙色与黄色的搭配

4.2.3　园林植物的芳香及其观赏性

一般艺术的审美感知，多强调视觉和听觉的感赏，唯园林植物中的嗅觉感赏更具有独特的审美效应（表 4-7、表 4-8）。

常用具有芳香的花或分泌芳香物质的园林植物有：

1. 花香植物

茉莉花、含笑、白兰花、桂花、水仙、月季、玫瑰、丁香、四季米兰等。

2. 分泌芳香物质的植物

山胡椒、芸香、柑橘、柠檬桉、香樟、肉桂、松树等。

表4-7　芳香植物分类

分类名称	代表植物	备　注
香草	香水草、香罗兰、香客来、香囊草、香附草、香身草、晚香玉、鼠尾草、薰衣草、神香草、排香草、灵番草、碰碰香、留兰香、迷迭香、六香草、七里香等	芳香植物具有四大主要成分：芳香成分、药用成分、营养成分和色素成分。大部分芳香植物还含抗氧化物质和抗菌成分，按照香味浓烈程度分为幽香、暗香、沉香、淡香、清香、醇香、醉香、芳香
香花	茉莉花、紫茉莉、栀子花、米兰、香珠兰、香雪兰、香豌豆、香玫瑰、香芍药、香含笑、香矢车菊、香万寿菊、香型花毛茛、香型大岩桐、野百合、香雪球、香福禄考、香味天竺葵、豆蔻天竺葵、五色梅、番红花、桂竹香、香玉簪、欧洲洋水仙等	
香果	香桃、香杏、香梨、香李、香苹果、香核桃、香葡萄（桂花香、玫瑰香两种）等水果	
香蔬	香芥、香芹、香水芹、孜然芹、香芋、香荆芥、香薄荷、胡椒薄荷等蔬菜	
芳香乔木	美国红荚蒾、美国红叶石楠、苏格兰金链树、蜡杨梅、美国香桃、美国香柏、美国香松、日本紫藤、黄金香柳、金缕梅、千枝梅、结香、韩国香杨、欧洲丁香、欧洲小叶椴、七叶树、天师栗、银鹊树、观光木、白木兰、紫玉兰、望春木兰、红花木莲、醉香含笑、深山含笑、黄心夜合、玉玲花、暴马丁香等	
芳香灌木	白花醉鱼草、紫花醉鱼草、山刺玫、多花蔷薇、光叶蔷薇、鸡树条荚蒾、紫丁香等	
芳香藤本	香扶芳藤、中国紫藤、藤蔓月季、芳香凌霄、芳香金银花等	
香味作物	香稻、香谷、香玉米（黑香糯、彩香糯）、香花生（红珍珠、黑玛瑙）、香大豆等	

表4-8　芳香植物的气味及其作用

植物名称	气味	作　用	植物名称	气味	作　用
茉莉	清幽	增强机体抵抗力、令人身体放松	丁香	辛而甜	使人沉静、轻松，具有疗养的功效
栀子花	清淡	杀菌、消毒、令人愉悦	迷迭香	浓郁	抗菌，可疗病养生，增进消化机能
白玉兰	清淡	提神养性、杀菌、净化空气	平夷	辛香	开窍通鼻，可治疗头痛、头晕
桂花	香甜	消除疲劳、宁心静脑、理气平喘、温通经络	细辛	辛香	疗病养生
木香	浓烈	振奋精神、增进食欲	藿香	清香	清醒神志、理气宽胸，可增进食欲
薰衣草	芳香	去除紧张、平肝息火、可治疗失眠	橙	香甜	提高工作效率，消除紧张不安的情绪
米兰	淡雅	提神健脾、净化空气	罗勒	混合香	净化空气、提神理气、驱蚊
玫瑰花	甜香	净化空气、抗菌、使人身心爽朗、愉快	紫罗兰	清雅	神清气爽
何化	清淡	清心凉爽、安神静心	艾叶	清香	杀菌、消毒、净化空气
菊花	辛香	降血压、安神，使思维清晰	七里香	辛而甜	驱蚊蝇和香化环境
百里香	浓郁	食用调料、温中散寒、健脾消食	姜	辛辣	消除疲劳、增强毅力
香叶天竺葵	苹果香	消除疲劳、宁神安眠、可促进新陈代谢	芳香鼠尾草	芳香而略苦	兴奋、祛风、镇痉
薄荷	清凉	具收敛和杀菌作用，可消除疲劳、清脑提神、增强记忆力，并有利于儿童智力的发育	肉桂	浓烈	可理气开窍、增进食欲，但儿童和孕妇不宜闻此香味

4.2.4　园林植物的质地及其观赏性

质地，可通过视觉观赏，也可用触觉感赏。根据质地的特性及潜在用途，可分为粗质型、中质型及细质型（图4-186）。

1. 粗质型

此类植物通常由大叶片，疏松粗壮的枝干以及松散的树形而定。给人以强壮、坚固、刚健之感。宜用在相对开阔自然的空间，在狭小空间如酒店、庭院内慎用。粗质型的园林植物有：鸡蛋花、火炬树、凤尾兰、常绿杜鹃、

（a）粗质型　　　　　　　（b）中质型　　　　　　　（c）细质型

图 4-186　植物质感的类型

广玉兰、欧洲七叶树、刺桐、木棉等。

2. 中质型

中质型是指具有中等大小叶片、枝干以及其适中密度的植物。通常多数植物属于此类型。在景观设计中，中质型植物与细质型植物的连续搭配，给人以自然统一的感觉。

3. 细质型

细质型具有许多小叶片和微笑脆弱的小枝，以及整齐密集而紧凑的冠型植物属于此类型。细质型植物给人以柔软、纤细的感觉，在景观中容易被人忽视，宜用于紧凑狭窄的空间。同时细质型植物叶小而浓密，枝条纤细不易显露，所以轮廓清晰、外观细腻，宜用作背景材料，以展示整齐、清晰、规则的特殊氛围。细质型的园林植物有：榉树、北美乔松、文竹、苔藓、早熟禾、结缕草、地肤、菱叶绣线菊等草坪类植物。不同质地材料的选择要与空间大小相适应，与环境相协调：大空间粗质型植物居多，空间会因粗糙、刚健而具良好配合；小空间细质型植物居多，空间会因漂亮、整洁的质感而使人感到雅致、愉快。建筑的材料质地表现较强，故在选择搭配植物时要协调统一（图 4-187）。

图 4-187　植物的质地（植物的质感取决于叶色、叶的大小以及叶和枝的着生密度，设计中注意利用不同质地特征的植物产生不同的景观效果）

第五章　园林植物景观设计与营造

> 恰当的植物种植设计能产生美感。例如，怎样选择植物材料的比例、尺度、质地、色彩，以及如何对它们进行合理的搭配都是设计人员应该精心考虑的。
>
> ——丹·克雷儿（Dan Kiley）

5.1　园林植物景观设计原理

5.1.1　园林植物景观设计的艺术原理

园林中的植物花开草长、流红滴翠，漫步其间使人不仅可以感受到芬芳的花草气息和悠然的天籁，而且还可以领略到清新隽永的诗情画意，使具有不同审美经验的人产生不同的审美思想内涵。

植物景观的设计需要注入园林艺术的美感，讲究动态序列景观和静态空间景观的组织。植物的生长变化造就了植物景观的时序变化，极大地丰富了景观的季相构图，形成三时有花、四时有景的景观效果，在规划设计中合理配置速生和慢生树种，以便能早日形成优美的景观。此外，植物景观设计时，植物的树形、色彩、线条、质地及比例都要有一定的差异和变化，显示出多样性，但又要使它们之间保持一定的相似性，形成统一感。同时，要注意植物之间的相互联系与配合，体现调和的原则，使其具有柔和、平静、舒适和愉悦的美感。在配置体量、形态、质地各异的植物时，应该遵循均衡的原则，使景观稳定、和谐。要根据空间的大小，树木的种类、姿态、株数的多少及配置方式，运用植物组合美化、组织空间与建筑小品、水体、山石等相呼应，协调景观环境，起到屏俗收佳的作用。

5.1.2　园林植物景观设计的美学原理

园林植物景观设计是一门融科学和艺术于一体的应用型学科，从园林美学的角度来看，一个没有植物的园林空间，也就失去了它作为园林艺术的根本所在。它要遵循形式美原则，并可通过以下形式体现设计者的构思。

1. 对比与微差

古希腊朴素的唯物主义哲学家赫拉克利特（Heraclitus，约公元前540年—前470年）认为："自然趋向于差异对立，协调是从差异对立而不是从类似的东西产生的。"对比和微差正是这种差异的体现。对比是借两种或多种形状有差异的景物之间的对照，使彼此不同的特色更加鲜明，提供给观赏者变化丰富的景象，如平坦的草地与垂直的树木或葱郁的森林与色彩鲜艳的花木之间的差异等；微差，则指以上的不同要被控制在一定的程度内，通过空间布局形式、造园材料等方面的统一、协调，使整个景观效果和谐，如大片草坪上只有一株孤立木，万绿丛中才有一点红等。即总体上要统一，局部间又要有适当的变化。对比和微差的具体表现可以很多，如大与小、直与曲、虚与实及不同形状、不同色调、不同质地间的并置等（图5-1）。

图5-1 对比与微差（水平方向灌木带和垂直方向乔木的对比形成了戏剧性冲突，加强了景观的可看性）

其中对比可有以下几种。

1）开敞空间与闭合空间的对比

如果人从开敞空间骤然进入闭合空间，视线突然受阻会产生压抑感；相反，从封闭空间转到开敞空间，则会豁然开朗。

2）方向对比

园林中由植株构成的具有线的方向性时，会产生方向对比，它强调变化，增加景深与层次。

3）体量对比

体量指景物的实体大小、粗细与高低的对比关系，目的是相互衬托（图5-2）。

4）色彩对比

色彩是造型艺术的主要元素。"远观其色，近观其形"是色彩给人的第一印象。三原色中，每两种原色混合成的间色与第三种原色之间构成补色，也称对比色。如橙与蓝、红与绿、黄与紫，这类色彩对比能使人感到兴奋、刺激（图 5-3）。

图 5-2　植物的体量对比　　　　　　　图 5-3　植物的色彩对比

2. 均衡与稳定

均衡，又称平衡，凭感觉的审视结果称"不对称的均衡"和"对称的均衡"两种（图 5-4、图 5-5）。

3. 比例与尺度

比例，是指景物本身长、宽、高三度之间的关系，也可以是某个园林景物与所在空间的形态与体量的关系。尺度，是指景物与人们所习惯的一些特定标准尺寸作为度量大小标准。日常生活中的尺寸符合使用功能，称为不变尺度。用不变尺度去衡量微缩景观时，按正常的固定比例，原有的实际尺寸发生了变化，这便是尺度与比例的关系（图 5-6 至图 5-8）。

图 5-4　不对称的均衡　　　　　图 5-5　对称的均衡　　　　图 5-6　芭蕉和棕榈组成的树丛，景观尺度格外亲切

图 5-7　一片大草坪，它能用辽阔的风景来静化人的心灵

图 5-8　苏州同里镇的"退思园"（景观的形成在很大程度上取决于各造园素材和谐的比例关系）

4. 节奏与韵律

自然或生产中有许多事物和现象都是通过有规律地重复出现或有秩序地变化而构成群体或整体的。例如，一年四季，寒暑轮回；山峦起伏，高低交替；水波荡漾，圈纹扩散等。这些事物或现象深刻影响人们的思想和实践，人们逐渐总结出了韵律与节奏美的规律（图 5-9、图 5-10）。节奏与韵律是戏剧、音乐、舞蹈、视听艺术的常用语，也是建筑、雕塑、园林等常用的。韵律又可分为如下几种。

（1）连续韵律：出现的图案相同、距离相等，如行道树的种植方式。

（2）渐变韵律：出现的图案形状不同、大小呈渐变趋势等距离出现。

（3）交替韵律：指 2~3 个元素交替出现，如道路分车带中的图案种植。

（4）起伏韵律：指由于地形的起伏、台阶的变化造成的植株有起伏感，

图 5-9　自然中的韵律与节奏现象

图 5-10　山涧流水

图 5-11　起伏韵律

图 5-12　植物群落的林冠线由高低起伏的上层乔木组成

或是模拟自然群落的配置构成林冠线的变化（图 5-11、图 5-12）。

（5）意境的营造：植物景观设计中"意"的形成，已经不是简单的生产实用，而是"心志所寄"。或是按诗格取裁植物景境，或是按画理取裁植物景境，都是"诗法自然"又不拘泥于自然的"写意"。而这"写意"手法是设计师的情感拓展（图 5-13）。

图 5-13　"网师园"中心景区（白皮松横卧在凌波曲桥上，前方是"竹外一枝轩"）

5.1.3　园林植物景观设计的生态学原理

生态性是城市植物景观的一个基础特性，也是城市植物景观之所以能形成的最基本条件之一。

1. 良好的生态位

从生态学意义上来说，良好的生态位是指处于群落中的物种，在时间、空间和营养方面所占的地位。植物空间的生态位，从宏观层面上来讲，良好的生态位是指植物空间提供给人们的，或者可以被人们利用的各种生态因子（如土地、气候、休憩空间、交通等）的集合，可反映植物空间的现状对于人们各种活动（主要是游憩活动）的适宜程度及吸引力大小，良好的生态位比较适宜人们的各种活动，对人的吸引力比较大；从微观层面上来讲，良好的生态位是指构成植物景观的每一种植物处于合理的空间分布，在它所处的生态空间都能比较健康地生长，正常地进行光合作用。

2. 绿量

城市建成区绿地率、绿化覆盖率和人均公共绿地面积是用以衡量城市绿化水平的三项主要指标，而仅应用绿地率和覆盖率这两个指标，已不能满足确切评价城市绿地景观状态和生态效益的要求，于是绿量的概念被越来越多地提出来。叶片是植物最主要的将太阳能转化为有机物的器官，因此,植物景观空间的物流和能流数量的大小决定植物叶片面积总量的大小。以叶面积为主要标志的绿量,是决定城市绿地生态效益大小的最具实质性的因素。例如,在具有相同绿地率的城市用地中,不仅表现出不同的绿化覆盖率,而且绿地的生态环境效益也不一样。可见,合理的植物配植可以充分发挥其增湿、降温、调节小环境气候的作用。

3. 多样性

1)物种多样性

城市植物景观中的物种多样性是指城市植物景观空间中多种多样的物种类型和植物种类及强烈的物种变异性。在城市植物景观空间中,各个小的人工群落的环境是不一致的,空间异质性程度高,意味着存在更多样的小环境,从而实现更多物种共存。如果其中的植物种类少,并且数量也少,那么整个人工群落抗外界干扰能力就会降低,自动调节能力也会减小,生态稳定性差。相反,在物种多样性丰富的情况下,如果某种植物受到危害(如病虫害、冻害或是灼伤等),其他植物可以起到代替和补偿作用,因而在景观上也不会有太大削弱。

2)景观多样性

在城市生态学中,景观多样性又常被称为生态系统多样性,实际上是指生物圈内栖息地、生物群落(包括人的聚居所)和生态学过程的多样化,这里是作为视觉美学上的概念。

3)异质性

异质性是景观的根本属性,任何景观都是异质的,城市植物景观也不例外。城市植物景观中的常绿乔灌木、落叶乔灌木、竹子类、藤本植物、地被类植物等分别构成单独的异质单元。这些单独的异质单元又作为景观要素经过设计师的设计后,以一定的组合方式相结合而构成一个异质性的城市植物景观,异质性程度越高,景观多样性程度就越高。

4)功能多样性

城市绿色空间的功能多样性是针对它的使用价值而言的。随着城市物质文明的发展,城市绿色空间早已不仅仅是作为观赏的对象而存在了,它越来越成为城市居民缓解紧张情绪、疏解工作、生活压力的好场所。

5.2　园林植物景观的布局格式

植物景观的设计形式和布局法则一直是园林设计人员关注的问题,苏雪痕、徐德嘉、朱钧珍等先生都曾经对植物在创建城市景观中的形式和布局进行了说明。我们常从景物布局组合所呈现的外观形象和配置方式特征来认识其布局格式。布局格式主要分为规则式、自然式和混合式。

5.2.1 规则式

规则式是所有植物的形象和配置都整齐明确的布局格式。整齐的配置所表现的几何学关系,使这种植物景观的平面图呈现出几何图案(图5-14)。配置中多出现明显的对称,线条常以直线为主,所用曲线也类似于几何学上圆弧形式的曲线,植物景观的形状清晰明确。例如,截然可辨的植物景观界线、显著的色彩对比、修剪整齐的绿草地和绿篱、笔直的树木行列、图案花坛等。

图5-14 几何图案式植物景观布局

5.2.2 自然式

自然式是所有植物布置中能显出自然山水风景特色的布局格式。即使经过人工整理布置,但看起来仍具有自然山水的淳朴、秀丽。但这并不是对自然风景的简单模仿,而是汲取自然风景的特色和精华,创造性地设计布置而成。自然式的布局,许多地方和规则式不同:景物的线条、曲线占了显著的位置,地形有起伏。自然风景很少有规则式那样平坦的地面植物配置,也不会有人为的对称关系,而是处于一种潜藏的均衡状态,观赏者的视线终点常没有明显突出的景物。自然式布局格式往往以忽隐忽现或者逐渐显露加强的方式来吸引观赏者的注意。乔木、灌木、花卉多是成团、成丛地种植(图5-15、图5-16)。

图5-15 公共区域景观(布里斯托尔Harbourside)

图5-16 布莱德尔路别墅景观

5.2.3   混合式

混合式是利用地形的特点，在不同的地形上灵活地分区使用规则式和自然式两种格式，以达到各自适宜的效果。两种格式的场地之间可以通过布置过渡性的绿化来衔接，使庭院景观从规则式逐渐演化为自然式，避免骤然的改变（图 5-17）。

图 5-17   肯尼思·亨特花园（莫纳什大学）（规则式与自然式相结合限定了步行空间）

5.3   园林植物配置的基本形式

利用植物造景时，要充分发挥植物的自然特性，以孤植、列植、丛植、群植、林植作为配置的基本手法，从平面和竖向上组合成丰富多彩的植物景观效果（图 5-18）。

5.3.1   孤植

树在数量上是少的，但如运用得当，能起到画龙点睛的效果。要求树

图 5-18   层次丰富的植物景观

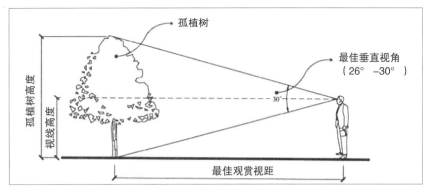

图 5-19 孤植树观赏视距的确定

木形体高大、姿态优美、树冠开阔、枝叶茂盛，或者具有某些特殊的观赏价值，如鲜艳的花果叶色彩、优美的枝干造型、浓郁的芳香等（图 5-19、图 5-20）。

图 5-20 建筑与植物共生

孤植树常见的树种有：雪松、金钱松、马尾松、白皮松、垂枝松、香樟、黄樟、悬铃木、榉树、麻栎、杨树、枫杨、皂荚、重阳木、乌桕、广玉兰、桂花、七叶树、银杏、紫薇、垂丝海棠、樱花、红叶李、石榴、苦楝、罗汉松、白玉兰、碧桃、鹅掌楸、辛夷、青桐、桑树、白杨、丝绵木、杜仲、朴树、榔榆、香椿、腊梅等（表 5-1）。

5.3.2 对植

两株或两丛相同或相似的树按照一定的轴线关系对称或均衡的种植方式，一般多用于建筑入口两侧。

1）对称式对植

以主体景观的轴线为对称轴，对称种植两株（丛）品种、大小、高度一致的植物，两株植物种植点的连线应被中轴线垂直平分（图 5-21、图 5-22）。

表 5-1 不同地区孤植树树种选择

地区	可供选择的植物
华北地区	油松、白皮松、松柏、白桦、银杏树、蒙椴、樱花、柿、西府海棠、朴树、皂荚、槲树、桑、美国白蜡、槐树、花曲柳、白榆等
华中地区	雪松、金钱松、马尾松、柏木、枫杨、七叶树、鹅掌楸、银杏、悬铃木、喜树、枫香、广玉兰、香樟、紫楠、合欢、乌桕等
华南地区	大叶榕、小叶榕、凤凰木、木棉、广玉兰、白兰、杧果、观光木、印度橡皮树、菩提树、南洋楹、大花紫薇、橄榄树、荔枝、铁冬青、柠檬桉等
东部地区	云杉、冷杉、杜松、水曲柳、落叶松、油松、华山松、水杉、白皮松、白蜡、京桃、秋子梨、山杏、五角枫、元宝枫、银杏、栾树、刺槐等

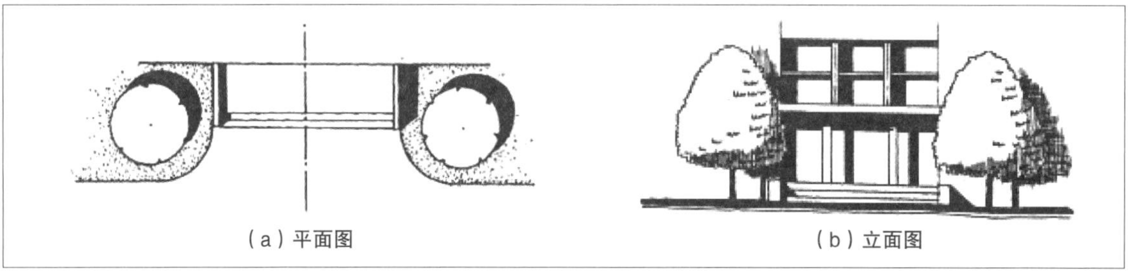

（a）平面图　　　　　　　　　　　（b）立面图

图 5-21　对称式对植平面及立面图

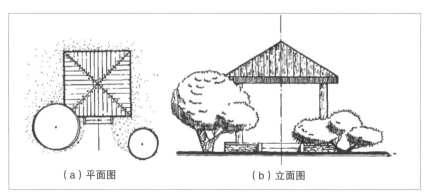

图 5-22　对称式对植勾勒出纯粹的建筑形态

2）非对称式对植

　　两株或两丛植物在主轴线两侧按照中心构图法或者杠杆均衡法进行配置。需要注意的是，非对称式对植的两株（丛）植物的动势要向着轴线方向，形成左右均衡、相互呼应的状态。与对称式对植相比，非对称式对植要灵活许多（图 5-23）。

（a）平面图　　　　　　　　　　　（b）立面图

图 5-23　非对称式对植平面及立面图

5.3.3 丛植

丛植是指一株至十余株的树木组合成一个整体结构。丛植可以形成极为自然的植物景观，它是利用植物进行园林造景的重要手段。一般丛植最多可由15株大小不等的几种乔木和灌木（可以是同种或不同种植物）组成。

丛植常见的树种有：紫叶李、紫荆、欧洲绣球、侧柏、刺柏、云杉、法桐、广玉兰、白玉兰、垂柳、栾树、樱花、碧桃、紫椴、水杉、青桐、五角枫、梓树、槲树，等等。

花卉：三色堇、矮牵牛、百日草、长春花、凤仙花、大花马齿苋、紫茉莉、万寿菊、孔雀草、金盏菊、雏菊、矮雪轮、花环菊、鸡冠花、矢车菊、波斯菊、大丽花、牡丹、月季、仙客来、杜鹃、天竺葵、大岩桐、夏堇、美女樱、蝴蝶兰、大花蕙兰等。

（1）三株丛植：既要有统一又要有变化。一般选同种树种，姿态大小等要有变化（图5-24）。

（2）四株丛植：不超过两种树种，不等边四角形或不等边三角形种植，3∶1组合时，最大、最小树与一株中树同组，另一中树做一组（图5-25）。

（3）五株丛植：不超过两种树种，三株或四株合成大组，其余做一组，其中最大株应在大组内。4∶1组合时，最大或最小不能单独一边（图5-26）。

（4）五株以上丛植："五株既熟，则千株万株可以类推，交搭巧妙，在次转关"——《芥子园画谱》（图5-27）。

5.3.4 列植

列植，是指植物排列成行的栽植方式，在水边列植柳树是传统种植设计的常用做法。道路旁列植树木也是常见的做法，"列树以表道"就是其

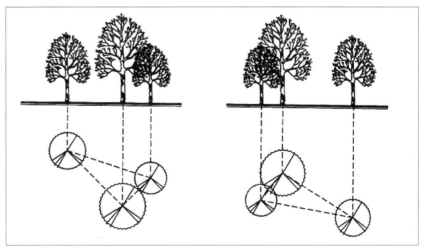

图 5-24 三株丛植

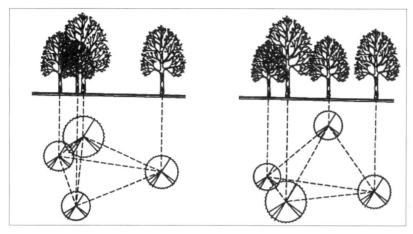

图 5-25　四株丛植

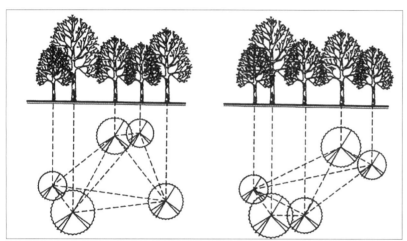

图 5-26　五株丛植图

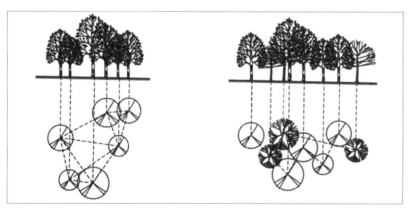

图 5-27　五株以上丛植

中的一种形式（图 5-28、图 5-29）。

5.3.5　群植

　　群植，是指群落式栽植方式，一般植物数量在一棵以上，主要体现植物群体之美。群植可分同种群植和异种群植两类。

图 5-28 河道两侧列植树木（无锡惠山古镇）

图 5-29 道路旁列植树木（法国）

1. 同种群植

同种群植，是指以同一树种配植成林的方式，在景观风格上容易形成雄浑的气势。同种群植需考虑"同本异景"原则，即在统一中求变化，避免单调乏味的弊病。

2. 异种群植

异种群植，主要考虑生态科学性和树种色彩的调和对比、季相配合、常绿树与落叶树的搭配等，要做到植物和植物之间、植物和环境之间成为一个有机的整体。

5.3.6　林植

凡成片、成块大量栽植乔灌木，以构成林地和森林景观的称为林植，也叫树林。林植多用于大面积公园的安静区、风景游览区或休、疗养区以及卫生防护林带等。树林又分为密林和疏林两种。

5.4　园林植物景观设计的一般程序

在植物景观设计中存在一些基本的设计流程及设计程序，可以减少设计工作的随意性和不确定性，增加设计结果的可判定性。同时还能一定程度地增加设计工作的系统性、有序性，提高工作效率，提高系统质量保障能力。

5.4.1　现场调查与资料整理

为了达到设计目标，现场调查和分析是植物景观设计的基础和关键。

1. 获取项目信息

进行现场的多次勘查，掌握绿地的属性，充分了解基地以及基地可能的栽植空间。调查并获取基地以及基地所属区域的自然情况：水文、土壤结构及性质、地形朝向、气象、地质等方面的资料。这些基础资料会影响到植物品种的选择、搭配和种植方式的科学性。当地的植被状况，可参考当地的植物志，或通过当地的绿化部门以及现场调查来熟悉乡土树种及其种类、群落组成、引种植物、边缘树种情况等，还需要调查当地的主要观赏树种、行道树种以及使用的自然状况等。植被状况的调查会影响种植设计的生态性，而人文历史资料的调查，包括地区的风俗习惯、历史传说、居民人口及民族构成等，往往会左右设计，形成具有特色或者特定场所地域特征的植物景观。所有这些信息有的直接影响植物景观的创造，有的则看似无内在或直接的联系，但实际上这些潜在因子却能够影响或指导景观设计对于植物的选择，从而影响植物景观的创造。

2. 现场调查

现场调查，包括自然条件调查——温度、光照、水分、现状植物及群落构成、土壤、地形、地势及小气候等；人工设施调查——现有道路、建筑、桥梁、构筑物等；环境条件调查——交通、人流组成及来向、活动等；视觉质量调查——环境景观质量、可能的主要观赏点、视线控制点等。还可进行现场测绘：测绘可以提供图纸所没有体现的实际现场情况，尤其是场地中的植物，要标识出哪些需要保留、哪些需要移走。特别是保留的树木，还需要记录其胸径、树高、冠幅及位置，绘制成表格。

3. 资料整理

分析并整理前面调查的信息，做到对项目情况一目了然并胸有成竹。并根据植物景观的造景要求以及基地本身景观的要求，提出大致的设计思维，以指导接下来的设计工作。

5.4.2　绘制分析图

分析图主要是将收集到的，以及在现场调查得到的资料利用特殊的符号标注在图纸上。现状分析是设计的基础和依据，是为了更好地指导设计，所以不仅要有分析的内容，还要有分析的结论。对基地条件进行评价，得出基地中对于植物栽植和景观创造有利和不利的条件，并提出解决的方法。

现状分析包括基地的自然条件（地形、土壤、光照、植被等），这些分析紧密关系到植物生长的生态环境；人工设施——工程部分（建筑的基础、地下设施、地上、地下管线等），这些左右植物种植点的选择是否合理；还包括人工设施——景观部分（景观分区、景观小品、景观构筑物、景观场地、铺地等），这些要素对植物分别有不同的规范限制和要求，需要仔细分析原有景观的构成，种植设计要符合原有景观的风格。

现状分析既包括基地外部周围环境的分析，还包括基地内部环境的分析。环境分析的目的是分析整体环境的有利和不利因素，以便设计形成更合理的趋向，所有这些分析都紧密关系到植物景观设计的细节。

5.4.3　植物群体景观类型与布局

最初的设计出发点是考虑整个植物群体景观的效果，在设计初期，植物与地形、建筑、铺地材料以及构筑物等作为一个整体要素共同分析。首先考虑的是植物相互搭配而表现出来的外在群体表象，如大片的密林、线型的行道树、孤植的乔木、丛状的灌木、草坪、地被、花境等。所以，设计时首先需要把这种外在的植物表象，也就是群体景观进行空间配置，而不是把植物个体景观作为设计元素进行搭配，要从整体上考虑什么地方该布置什么样的植物景观类型。

1. 功能需要

首先，考虑功能性景观布局。比如，某些位置需要遮阴或引导视线，某些位置需要遮挡视线或隔离噪声，需要建设林荫道路，广场需要遮阴，等等。种植设计需要结合不同使用功能区域进行分析、选择、搭配，还要结合植物景观协调各功能使用区域之间的相互关系，比如，相互借景或者隔离，需要结合不同功能区的主要功能，形成不同植物的形式和风格。在考虑景观功能前要考虑生态功能，如是否适地适树、哪些植被可形成水边的植物群体、哪些植被可形成山坡植物景观群、需要遮阴的位置如何考虑林下植被景观群，等等。所有先期调研的地形、土壤、水文等均成为植物群体的限制要素。

2. 景观美学需要

植物群体作为设计要素，具有颜色、质地、大小、空间尺度、形状等美学特征。在保证生态、景观、人文的基础上，还要考虑美学需要，提出设计的优点和缺点。如在宏观上安排景观轴线、景观节点，局部视角过硬需要植物软化，局部位置需要变化色彩或增加层次以及引导视线等，还要根据视线的变化考虑林冠线和林缘线的曲折丰富等。

3. 考虑整体植物景观的疏密关系

在植物群体景观风格形成的过程中，还要根据实际的现场条件、生态和景观功能考虑植物景观的疏密关系。植物的疏密关系是植物空间或平面整体构成关系，要达到收放自如、疏密有致，如开阔的草坪、密植的树林、精致的植物小景互相形成一个网络关系，且空间的网眼大小不等。这样收放自如的植物景观具有丰富的空间和美感。

4. 罗列适合的植物品种

根据前面的分析，每个区域列出可供选择的一系列植物品种。例如，作为整体背景的植物品种；作为底色的基调树种；作为景观序列的前景和主景树种、配调树种；处于空间转折区段的转调树种等；形成各种空间，如覆盖、垂直、私密、背景空间、隔离空间、前景空间等的植物品种与构成。这些品种的列举首先要考虑每一株植物品种的生态需求是否符合现场的条件，并考虑植物文化。其次，要考虑这一区域的景观效果，是大气的、规整的，还是自然的、野趣的风格等。最后，还要综合考虑整个设计范围内的季相景观、落叶与常绿植物的比例关系。

5.4.4　植物个体的选择与布局

植物群体景观分析考虑充分后，下一步就是植物个体的选择与布局。植物个体的选择首先要考虑生态要素，如不同的立地条件、光照、土壤、水分、温度等生态因子，以及地形、地势及人类活动等条件对植物的限制和要求。植物个体的选择与布局解决了几个问题：选择植物品种、确定植物大小和数量、确定植物个体在景观结构中的位置定位等。

1. 选择植物品种

选择植物品种的程序首先是粗选植物。根据项目基地主要环境的限制因子，如公园内部水体周围主要限制因子为水，则需要配对搜寻前面现场调查过的植物品种，确定所在城市适合的与水因子有关的植物品种。而对于面积较大的项目，如公园等，首先要确定基调树种。基调树种是用于保持统一性的品种，一般来说，基调树种种类的数量要少，但相似程度要高，公园项目基调树种为当地主要乡土树种，但总植株数量多。其次，是确定主要品种。主要品种是用于增加变化性的品种，即主调、转调、配调树种，品种的数量要多，但植株总数量要少。公园内部每个景点均有不同的植物景观，如转弯处需要转调树种、入口处需要对景植物，也就是主调树种等。

原则上提倡多植物群落原则，但并非植物品种越多越好。对一般的小区来说，15~20个乔木品种、15~20个灌木品种、15~20个宿根或禾草花卉品种已足够满足生态方面的要求。

2. 确定植物初植大小和数量

苗木越大成活率越低，苗木越小成活率越高，但是苗木过小，则短期内不能形成良好景观效果和生态效应，所以，应根据景观要求和生态功能共同确定植物初植的大小和数量。

一般建议大乔木胸径以 10~12 厘米的完整植株较为适宜，最多不超过 15 厘米。当然，有时候为了满足短期效果，可以通过采用增加乔木的密度和增加大灌木的数量（高度 1.00~2.50 米）等方式，还可以考虑在种植初期密植，而在后期采取部分植株移走的办法，或者是慢生树种和速生树种相互结合的办法。选择植株成熟的程度也决定了种植间距，在实际过程中，可以根据植物生长速度的快慢适当调整植物数量，如移走或补充等。

第六章　园林植物造景常用形式

赏花是人们自古以来的一大雅好，花能够愉悦心情，促进身心健康。花坛和花境是园林规划设计中常用的设计形式，被誉为城市中"闪亮的星星"，在很大程度上拓展了园林绿化的形式和语言，尤其是在混凝土聚集的城市建筑群中，更形成了大大小小、星罗棋布的亮丽风景，装饰和美化着城市环境。

6.1　花坛

花坛主要表现花卉群体的色彩美，以及由花卉群体所构成的图案美。花坛是园林绿化的重要组成部分，能美化和装饰环境，尤其能增加节日的欢乐气氛，同时还有标志宣传和组织交通等作用。花坛在环境中可作为主景，也可作为配景，形式与色彩的多样性决定了其在设计上也有广泛的选择性。

花坛的设计首先应在风格、体量、形态诸方面与周围环境相协调，其次才是花坛自身的特色。花坛的体量、大小也应与花坛设置的广场、出入口及周围的建筑高度成比例，一般不应超过广场面积的 1/3，不小于 1/5。花坛的外部轮廓也应与建筑边线、相邻的路边和广场的形状协调一致。色彩应与所在环境有所区别，既起到醒目和装饰作用，又将环境协调融于环境之中，形成整体美。

6.1.1　花坛的常见类型

1. 花丛花坛

花丛花坛主要是由观花草本花卉组成，表现花盛开时群体的色彩美。这种花坛在布置时，不要求花卉种类繁多，而要求图案简洁鲜明，对比度强。通常植物材料有早小菊、鸡冠花、一串红、红狼尾、长寿花、三色堇、美女樱、万寿菊、牵牛花等一年生花卉。

独立的花丛花坛可作主景应用，可立于广场中心、建筑物正前方、公园入口处、公共绿地中等，带状的花丛花坛通常作为配景布置于主景花坛周围、通道两侧、建筑基础、岸边或草坪上，有时作为连续风景中的独立构图（图 6-1）。

图 6-1　天安门前的盛花花坛（北京）

1）植物选择

设计花丛花坛应选用观花草本，要求其花期一致，花朵繁茂，盛花时花朵能掩盖枝叶，达到见花不见叶的程度。为了维持花卉盛开时的华丽效果，必须经常更换花卉植物，通常应用球根花卉及一年生草花植物。

2）色彩设计

花丛花坛要求色彩绚丽，突出群体的色彩美。因此，色彩上要精心选择、巧妙搭配，色彩不宜太多，要主次分明。

3）图案设计

花坛大小要适度。花坛直径最大不超过 20 米，花坛的外形轮廓要较丰富，而内部图案纹样要力求简洁。

2. 模纹花坛

模纹花坛主要是由低矮的观叶植物和观花植物组成，表现植物群体组成的复杂的图案美，主要包括毛毡花坛、浮雕花坛、时钟花坛等（图 6-2）。主要表现和欣赏由观叶和花叶兼美的植物所组成的精美的图案纹样，有长期的稳定性，可供较长时间地观赏。

模纹花坛一般以斜面应用居多，内部图案可选用文字标语、国旗、国徽、名人肖像及其他装饰图案等，可作为主景应用布置于广场、街道、建筑物前、会场、公园、住宅小区的入口处等（图 6-3）。

1）植物选择

各种不同色彩的五色草是最理想的植物材料，植物不仅色彩整齐，更重要的是其叶子细小、株型紧密，可以作 2~3 厘米的线条束，用其最能组成细致精美的装饰图案。也可以选用其他一些适合于表现花坛平面图案的变化、可以体现出较细致花纹的植物，如植株低矮、株型紧密、观赏期一致、叶面细小的香雪球、雏菊、四季海棠、孔雀草、三色堇、半枝莲等。

图6-2　时钟花坛（瑞士）　　　　　　　图6-3　广场上的花坛

　　2）色彩设计

　　应根据图案纹样决定色彩，尽量保持纹样清晰精美。

　　3）图案设计

　　花坛大小要适度，花坛直径最大一般不超过10米，模纹花坛可表现植物所构成的精美、复杂的图案美。因此，花坛的外形、轮廓比较简单，而内部的图案纹样要复杂华丽。

　　3. 立体花坛

　　立体花坛，又名"植物马赛克"，属于造型花坛和造景花坛，起源于欧洲，其代表了当今世界园艺的最高水准。其利用植物的不同特性，可创作出各种艺术形象，其造型多变，植物包装色彩繁多，搬动灵活，有"城市活雕塑""植物雕塑""世界园林艺术的奇葩"等美誉。

　　立体花坛集美术雕塑、建筑设计、园艺知识等多种技术于一体，其基本形态结构由钢架做成，外面用尼龙网覆盖，将不同色彩的植株用营养土包裹后通过各种有机介质附着在三维立体的固定结构上，表面的植物覆盖率通常要达到80%以上，是一种园艺技术和园艺艺术的综合展示（图6-4）。

图6-4　西单路口花坛夜景（北京）

6.1.2　花坛的确立、设计与施工

1. 花坛的确立与设计

在设计花坛时，一定要考虑多方面的因素，因为花坛在园林中有的是作为主景出现，如广场中、大门入口处、建筑物前庭等，有的是起衬托作用，如墙基、台阶、灯柱、树木基部、宣传牌或雕像基座等。设计中主要考虑以下几点。

（1）花坛与环境关系：设计时要求色彩、表现形式、主题思想等因素能与环境相协调，要充分考虑花坛与建筑物的关系、花坛与道路的关系、花坛与周围植物的关系（图 6-5）。

（2）色彩的处理：可将花坛色彩分为暖色、冷色、对比色、中间色。从色彩的配合上有：各种色彩的比例、深浅色、对比色、中间色、冷暖色的运用以及花坛色彩与环境的色彩。

（3）花坛的纹样：花坛纹样设计大致可分为两种类型，即规则式、不规则式。

（4）花坛细部的安排：一般将花坛分为三个细部：中心部分、边缘部分、主体部分。

（5）花坛的层次与背景：采用内高外低的形式，使花坛形成自然斜面，便于观赏者能看到花坛内的清晰纹样。设计时，也应将花坛所在地的背景与花坛同时考虑。

（6）花期交替的合理利用：设计手法上，利用花卉的不同花期，使整个花坛的观花时间相对延长，并达到减少花坛更换次数和省工、省料的目的。

（7）花坛的边缘及高度：边缘高出地面 10~15 厘米，高度可在 0.3~1.5 米不等。

（8）花坛的设计与群众习俗。

（9）设计图的制作。

（10）花坛植物材料的选择。

图 6-5　道路中央的花坛分隔两侧车道

2. 花坛的施工

花坛的施工是实现设计意图的一个重要环节，只有设计与施工很好地结合统一起来，才能充分体现花坛的整体效果。施工方面主要考虑以下三点。

（1）花坛内土壤处理：首先是整地。将土壤整平、土块砸碎，整地时加入一些基肥，一般用树叶、稻草沤制成腐熟的堆肥。

（2）地面画线和放大样：根据设计图将纹样放大。先中心纹样，后外围纹样。

（3）花坛用苗量的计算：以花苗稳定冠幅为标准来估算。如春花坛：雏菊、金盏菊、三色堇等草本花卉 36 株 /m²；夏花坛：紫茉莉 9 株 /m²、凤仙花 16 株 /m²、半支莲 36 株 /m²、早菊、一串红 9 株 /m²、翠菊 16 株 /m²、鸡冠花 25 株 /m²、五色草 400~500 株 /m²。

3. 备苗

一般花坛采用播种，有些需要移苗。花苗运到工地后，应放置荫蔽处，切忌暴晒，当栽种暂时停止时应喷水保湿。

4. 栽种方法

草花坛先内后外，五色草花坛先制模型后栽种。

6.2　花境

图 6-6　旱溪花境（上海辰山植物园）

花境，是模拟自然界中林地边缘地带多种野生花卉交错生长状态运用艺术手法设计的一种花卉应用形式，起源于欧洲。

花境通常选用露地宿根花卉、球根花卉及一二年生花卉，栽植在树丛、绿篱、栏杆、绿地边缘、道路两旁及建筑物前。平面外形轮廓呈带状，其种植床两边是平行直线或几何曲线，内部的植物配置则完全采用自然式种植方式，它主要表现观赏植物开花时的自然美，以及其自然组合的群体美。在园林造景中，既可作主景，也可为配景（图 6-6）。

6.2.1　花境的平面设计

1. 拟三角形组合——节奏与韵律的组合

花境中的各个团块从平面上看是不同面积三角形的相互楔入，纵向层次较少，团块组合相对简单清晰。从景观效果上看，可以选用几种花卉间断性地交错布置，从而形成节奏感和韵律感极强的花境。由于层次较少、选择材料不多，所以这类花境养护管理相对简单。因而，这种花境形式更适合应用于城市道路或其他现代感较强的环境中，既能减少养护又能表现节奏感较强的花境景观。

2. 飘带形组合——流动与丰富的组合

花境中各个团块从平面上看是与主视点约成 45° 倾斜角的狭长飘带形的组合，流动性很强。这些飘带的长度不定，但它们总有部分是重叠的，纵向层次较丰富。这种组合方式的最大优势在于强调了优美的植物景观，而隐藏不良的景观。因为花境中的植物在整个季节都在演绎花开花落的景观，植物之间肯定会相互影响，一些植物在花后景观不良时正好被前面的植物遮挡。所以，这种组合方式在景观效果上使一些花卉色彩在部分植物组群相互聚集，而另一些花卉色彩在更大的植物组群中延伸，会增强流动感和景观的丰富度，为设计增加艺术性。这种花境形式由于植物材料应用较多、层次丰富，所以需要相对较多的养护管理。因而，这种花境形式更适合应用于公园绿地中。

3. 半围合形组合——神秘与渐变的组合

花境中的团块从平面上看，是由一些半围合的大团块中包围着一些小团块形成的小组团。这种组合方式没有前两种具有动态性，但它却有独特的神秘感和趣味性。因为在景观效果上，如果观赏者位于花境的一端，只能看到花境的大体轮廓，只有深入地沿着花境观赏才能体会小组合中的景观所带来的惊喜。一方面，大团块中包围着若干小团块，整体轮廓是由大团块中较高的植物组成的，花境整体感较强；另一方面，小团块组合中又可以形成色彩、植物种类的多样化，在统一中又有多样的变化，欣赏花境的过程如同打开一幅画卷一样，与"曲径通幽、步移景异"的造景手法有异曲同工之妙。这种花境形式层次较丰富，需要的养护管理相对较多，适合应用于公园绿地中。

4. 无序形组合——自由斑块状组合

无序形组合方式是目前中国花境设计中最多用到的一种方式。由于这种团块组合方式在平面形式上没有过多的限制，这就需要更高的植物搭配技能，特别是色彩的把握以及植物竖向层次的搭配。这种花境形式层次较多，可选用的植物材料较多，适用于公园绿地中。

6.2.2　花境的立面设计

花境设计最注重立面景观效果。花境立面主要通过各种植物材料的高度变化及株形轮廓的合理搭配形成丰富错落的景观。

1. 植物高度

植物依种类不同，高度变化较大，宿根花卉高度基本在一定的范围。所以，合理运用植物高度，在花境的立面设计上起着重要的作用。在花境中，最好将较高的植物安排在后面，较矮的植物安排在前面，这样有利于欣赏到整个花境景观。但在实际应用中，不必完全按照前低后高式地规整排列，可在前中景处少量穿插种植一些质地中等的尖塔形的植物，如蛇鞭菊、假龙头等，或较精致小型的花灌木，如金叶莸等及部分观赏草，如蓝羊茅、血草、针茅等，但这些植物布置的团块应较小，不超过 1.5m² 为宜，否则会过多地遮挡后面的景观。

2. 株形轮廓

根据草本植物的外形轮廓，可以归纳为三种基本形状：圆形或球形、三角形或尖塔形、方形。植物的不同形状也是产生植物间对比的一种方式。一般来说，圆形或球形的植物常具有独特花头，适宜表现圆球丛状团块景观及独特花头景观，如八宝景天、石竹、萱草等；方形植物组成的团块易表现水平线条景观，如大滨菊、紫松果菊等；三角形或尖塔形的植物组成的团块易表现竖线条景观，如翠雀、毛地黄、火炬花、蛇鞭菊等。在花境立面设计中，要注意在一个视觉点中，同时选择这三种不同株型的植物，可形成良好的立面错落感。

6.2.3　花境的色彩设计

色彩，是欣赏花境时产生的第一印象，决定花境的个性特征。

1. 色彩布置位置影响花境的整体空间

在某一空间中营造花境景观，可通过色彩的配置在一定程度上协助增加或缩小整体空间感。利用"色彩随着距离的增加，较淡的色彩会逐渐减退"这一特点来巧妙地处理整体空间。运用这一规律，如果需要增加花境的纵深或长度，可以在花境的背景处或是花境的两末端种植淡色的或是较冷色、质地较轻盈的花卉，如狼尾草、钓钟柳、大滨菊、荆芥、鼠尾草等，会使花境看起来更大。相反，将深色、质地较厚重的花卉如美人蕉、松果菊、黑心菊等种植在背景处或花境两末端会有缩小花境纵深或长度的效果。

2. 色彩渐变是长花境配色的传统方法之一

在体量大型的长花境设计中，不按一定的规律配置色彩易出现杂乱的局面。因此，利用色彩的渐变规律是一种常用的设计方法。将色环的色彩按类似的特点进行分类：第一种是将较冷色系归为一类，如紫红—蓝紫—

蓝—白—银；第二种是将较暖色系归为一类，如乳白—黄—橘黄—栗色—棕色；第三种是基本沿用杰基尔的方式，将色彩轮上的色彩按照顺序逐一呈现，将灰色和浅蓝绿色的观叶植物布置在花境两端，中间依次种植白色、浅黄色、浅粉色、深黄色、橘色、红色、深黄色、浅黄色、浅粉色、白色。选定好色彩之后，将不同色彩的植物配置在相应的位置，以形成花境色彩序列。这种渐变色彩的花境变换感很强，每个部分都能独立成景。

3. 对比配色是营造生动景观的方法

将一种色彩及其补色搭配在一起可以使其饱和度增加，可在较小型的花境中或是花境局部运用这个原则。如在一个黄色花境中，运用少量蓝色花或蓝紫色花可营造更为显眼、生动的景观，比单独用黄色系植物容易形成优良效果。同时，在一种色彩上停留过久，会渴望见到它的对比色。

4. 中间色和类似色是强调和弱化主色调的方法

中间色是介于两种色彩中间的颜色，在花境里经常为灰色、棕色的观叶植物如银白菊、芒等。在一种明亮的色彩周围配置中间色，是强调和渲染主色调的一种方式。而在一种主色的周围配置其类似色会减弱其色彩的明度。比如，将橘黄色安排在黄色旁边，橘色会显得偏红，而黄色会显得偏绿。运用这一现象可以考虑花境后面的背景色彩，如在灰色的或白色的墙体前面布置黄色的植物景观会显得更为生动，而在棕色的墙体前面则会显得更为柔和。

6.2.4　花境的季相设计

季相变化是花境的主要特点之一。好的花境设计应四季有景，在较寒冷地区应做到三季有景。花境的季相变化主要通过各种不同观赏期的花卉交错组合而实现。各个季节的开花植物在花境中位置的巧妙布置会在一定程度上延长花境的观赏期。在进行花境季相设计时，可以遵循以下程序和方法。

1. 配置春季开花的植物

先找出当地早春和晚春开花的植物，将春天开花的花卉散布于整个花境中，这会排除春天开花的花卉聚集在一起而使以后的季节无景可赏。在纵向层次上，一般将春花植物布置在花境中部，而将夏天开花的植物放于春天开花植物的前面。这样，新鲜的夏天开花植物的叶子会掩饰后面春天开花植物的旧的、粗糙的叶子。

2. 配置早夏开花的植物

在设计中适当增加初夏开花植物的空间，将春天开花的植物与夏天开花的植物在高度上相匹配，基本上使花境前低后高。在设计时，可以将早春开花和早夏开花的植物间少许交叠，而晚春开花的植物和早夏开花的植物之间交叠较多，这样，会开花繁茂并能连续不断。

3. 配置中夏至夏末开花的植物

布置较矮至中等高度的中夏至晚夏开花的植物能将花期过后的春花植物掩藏。夏初开花的植物和夏末开花的植物花期会有一段交迭，所以，可以将夏初开花与夏末开花的植物设计在一起。

4. 配置秋季开花的植物

在设计中添加秋季开花的种类，让夏末和早秋开花的植物有交迭。秋季，可以将菊花等正值花期的花卉移植进花境中来填补一些空白。

6.3　绿篱

绿篱，有分隔空间、增添景色、减轻噪声、幽静环境的功能（图 6-7、图 6-8）。在中国"以篱代墙"的造景手法历史悠久，战国时屈原在《招魂》中就有"兰薄屋树，琼木篱些"的诗句，意思是门前兰花成丛，四周围着树篱。

6.3.1　道路分车带

道路分车带是分隔城市道路交通的绿化带，目前常见的道路分车带一般将绿篱作为绿化材料，主要包括以下三种形式：

1. 满铺绿篱

满铺绿篱，即单纯以绿篱铺满分车带，偶尔间种有大型花灌木或分支点

图 6-7　街边绿篱　　　　　　　　　图 6-8　小区内的绿篱
（日本东京）　　　　　　　　　　　（杭州万科）

较高的乔木。这种形式绿化效果较为明显、绿量大、色彩丰富、高度也有变化。满铺绿篱主要有两种形式，一种是将矮小耐修剪的单株植物以较高的密度组成的绿篱；另一种是在种植时以植物单体点植的方式形成绿篱。

2. 两侧绿篱

两侧绿篱，即在分车带两侧的边缘种植绿篱，中间可以种植宿根花卉、小花灌木、草坪，间植常绿乔木，形式丰富多彩。

3. 图案式绿篱

图案式绿篱，即用不同色彩的灌木组合成简单或复杂的图案，既有几何或自由曲线形，也有用几何绿篱拼接的色块。此类绿篱修剪整齐、色彩丰富，装饰效果好，十分流行。

6.3.2　绿地边界

绿地边界，即划分园林绿地内部空间的工具，或是区分其与外界环境的标志。由于绿篱具有任意整形修剪的特点，因此，当前城市园林绿地中将绿篱作为材料用于绿地边界已相当普遍。其主要包括以下两种形式：

1. 边界

园林绿地通常需要一定的边界，这种边界可以是实体墙，也可以是以植物材料构成的绿篱。随着居民对城市绿地需求的不断提高，越来越多"高墙"被推倒，实现绿地与城市更好地融合。

2. 镶边

观赏型的园林绿地常需要分割成若干个几何形或不规则形的小块以便观赏，这种观赏局部多以矮小的绿篱各自相围。有时小品、花坛和观赏性草坪的周围也需用矮小绿篱相围，这种作为边饰和美化材料的造景形式称为绿篱"镶边"。

6.3.3　模纹绿篱

模纹绿篱，即经过精心布置与整形修剪，形成精美几何图案效果的绿篱景观。主要包括以下两种形式：

1. 具象式模纹绿篱

具象式的模纹绿篱具有具体、规整的几何图案式的效果，复杂而庄重，并有一定的主题。这一类型的模纹绿篱以文字、图案为主。具象式模纹绿篱一般较为复杂，具有一定的主题，为保持其原有图案的清晰明确，必须进行精细的养护管理，如任凭模纹绿篱中的植物自然生长，其所表现的图案将逐渐模糊，使设计的本意不能明确表达，最终变成杂乱无章的景观。

2. 抽象式模纹绿篱

抽象式的模纹绿篱，是由简洁流畅、灵活变化的直线或曲线配合丰富的植物色彩构成，具有一定的视觉冲击力，但没有一定的主题。

6.4 实践课题

6.4.1 花坛与花境配置练习

1. 坛设计

1）设计要求

时间：2 小时

要求：某公园入口广场花坛设计，面积 30m×30m，场地条件自拟（假设周边环境与主题意境）。

2）注意事项

注意：功能要求、氛围营造、形式协调、色彩搭配、植物选择。

（1）比例按 1∶100，或按照实际情况可以自拟；

（2）注意和周边的环境关系处理（整体性、宏观性）；

（3）尺度准确；

（4）形式美观；

（5）制图规范；

（6）表现完整，注意版面布局，钢笔淡彩；

（7）表现形式可多样化，平面、立面、剖面、分析图等均可结合，但一定要含一张详细的总平面图（并绘制指北针比例尺）。

3）图纸规范

（1）环境总平面图：应标出花坛所在环境的道路、建筑边界线、广场及绿地等，并标出花坛的平面轮廓。

（2）花坛平面图：应标明花坛的图案纹样及所有植物材料，用数字或符号在图上依纹样使用的花卉从花坛的内部向外部依次编号，并与图旁的植物材料表相对应。表内项目包括花卉的中文名称、英文名称、株高、花色、花期、用花量等。

（3）立面图：用来展示花坛的效果及景观，花坛中的一些局部、造型物细部的节点放大图，立体阶式花坛需给出阶梯架的侧剖面图。

4）设计说明：简述花坛的主题、构思，以及对植物材料的要求、配置手法等。

2. 花境设计

1）设计要求

时间：2 小时

要求：某公园小路一侧花境设计，50m×20m，场地条件自拟（假设周边环境与主题意境）。

2）注意事项

注意：功能要求、氛围营造、形式协调、色彩搭配、植物选择。

（1）由花组成的境界，可分隔空间、组织交通流线、增强空间边界的景观效果。

（2）设计形式多为连续性的带状构图，后边缘线多采用直线，前边缘可为自由曲线。

（3）朝向要求长轴沿南北方向展开，左右的光照可以均匀，以体现观赏的统一性。

（4）为防止植物侵蔓路面或草坪，边缘可砌筑石块、砖瓦、木条等，也可在边缘处下挖 20 厘米填充金属或塑料条板。

（5）配色方法：单色、类似色、补色。

3）图纸规范

（1）花境位置图：应标出花境所在环境的道路、建筑物、草坪及花境所在位置。

（2）花境平面图：应画出花境的边缘线、背景和内部的种植区域，以流畅曲线表现，避免出现死角，表达要自然，在种植区依次编号，并与图旁的植物材料表相对应。表内项目包括植物名称、株高、花期、花色等。

（3）立面图：可根据一季景观绘制。

（4）设计说明：简述花境的主题、构思，以及对植物材料的要求、配置手法等。

6.4.2　无锡蠡湖公园植物景观设计

如图所示（图 6-10），为无锡蠡湖公园规划方案，A、B、C、D、E 为其中的五个子地块。要求学生在对基地整体环境的理解基础上，选择其中一个地块进行详细设计（图 6-9）。在设计中要求能自觉运用所学的方法和理论知识，统筹兼顾地块现状、周边环境及用地性质，坚持"以人为本"的设计原则，采用多种设计元素（尤其是植物元素）对空间进行合理地划分和组织，创造舒适宜人且独具特色的人居环境。设计成果要求构图完整，表达充分。

① 公园入口
② 古典中式公园
③ 冬之园
④ 春之园
⑤ 夏之园
⑥ 秋之园
⑦ 湿地
⑧ 摆渡码头

桥头公园平面图

图 6-9　蠡湖公园现行方案

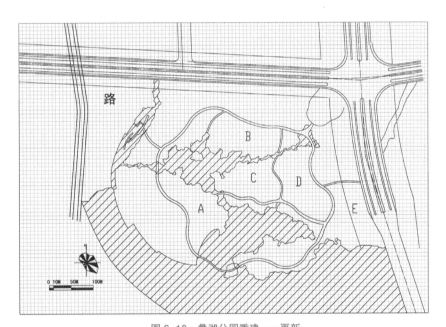

图 6-10　蠡湖公园重建——更新

参考文献

1. Byrd，Warren. A Century of Planting Design[M].Landscape Architecture，1999.

2. Clouston，B.Landscape Design With Plants[M]，1990.

3. Designing the new Landscape Architecture[M].Thames and Hudson，1991.

4. David Stuart.Classic Garden Plans[M].Portland，OR: Timber Press，c2004.

5. Kluckert，Ehrenfried.European Garden Design[M]. Koemann，2000.

6. Walker，Theodore D. Planting Design[M].New York: John Wiley and sons，1991.

7. John A.Jakle.The visual elements of landscape[M].University of Massachusetts Press，1987.

8. [美]约翰·O.西蒙兹.景观设计学:场地规划与设计手册.俞孔坚，王志芳，孙鹏译.北京: 中国建筑工业出版社，2000.

9. [美]诺曼·K.布思.风景园林设计要素 [M].曹礼昆，曹德鲲译.北京:中国林业出版社，1989.

10. [美]理查德·L.奥斯汀.植物景观设计元素 [M].北京:中国建筑工业出版社，2005.

11. [美]南希·A.莱斯辛斯基.植物景观设计 [M].卓丽环译.北京:中国林业出版社，2004.

12. [美]I.L.麦克哈格.设计结合自然 [M].芮经纬译.北京:中国建筑工业出版社，1992.

13. [美]凯文·林奇.城市意象 [M].方益萍，何晓军译.北京:华夏出版社，2001.

14. [英]克劳·斯顿.风景园林植物配置 [M].陈自新，许慈安译.北京:中国建筑工业出版社，1992.

15. [英]朱迪思·卡梅尔-亚瑟编.包豪斯 [M].颜芳译.北京:中国轻工业出版社，2002.

16. [英]阿妮塔·佩雷里.21 世纪庭园 [M].周丽华译.贵阳:贵州科技出版社，2002.

17. [德]尼考莱特·鲍迈斯特.新景观设计 [M].傅天海译.沈阳:辽宁科学技术出版社，2004.

18. [日]相关芳郎·庭院绿篱与地被 [M].贵阳:贵州科技出版社，

2002.

19. [日] 针之谷钟吉 . 西方造园变迁史 [M]. 邹洪灿译 . 北京：中国建筑工业出版社，1991.

20. [日] 小林克弘 . 建筑构成手法 [M]. 陈志华译 . 北京：中国建筑工业出版社，2004.

21. 朱钧珍 . 中国园林植物景观艺术 [M]. 北京：中国建筑工业出版社，2003.

22. 苏雪痕 . 植物造景 [M]. 北京：中国林业出版社，1994.

23. 周维权 . 中国古典园林史 [M]. 北京：清华大学出版社，1999.

24. 芦建国 . 种植设计 [M]. 北京：中国建筑工业出版社，2009.

25. 金煜 . 园林植物景观设计 [M]. 沈阳：辽宁科学技术出版社，2008.

26. 詹和平 . 空间 [M]. 南京：东南大学出版社，2006.

27. 程大锦 . 建筑：形式、空间和秩序 [M]. 天津：天津大学出版社，2005.

28. 赵世伟，张佐双 . 园林植物景观设计与营造 [M]. 北京：中国城市出版社，2001.

29. 王向荣，林箐 . 西方现代景观设计的理论与实践 [M]. 北京：中国建筑工业出版社，2002.

30. 周武忠主编，瞿辉等编著 . 园林植物配置 [M]. 北京：中国农业出版社，1999.

31. 芦建国，杨艳容 . 园林花卉 [M]. 北京：中国林业出版社，2006.

32. 曹林娣 . 中国园林文化 [M]. 北京：中国建筑出版社，2005.

33. 朱建宁 . 自然植物景观设计的发展趋势 [J]. 林业与生态,2006 (01)：B.

34. 陈月华，王晓红 . 植物景观设计 [M]. 长沙：国际科技大学出版社，2005.

35. 郭风平，方建斌 . 中外园林史 [M]. 北京：中国建材工业出版社，2005.

36. 徐德嘉，周武忠 . 植物景观意匠 [M]. 南京：东南大学出版社，2002.

37. 金学智 . 园林美学 [M]. 北京：中国建筑出版社，2005，167~170.

38. 刘少宗 . 园林植物造景 [M]. 天津：天津大学出版社，2003.

39. 俞孔坚 . 景观文化生态与感知 [M]. 北京：科学出版社，1998.

40. 孙筱祥 . 园林艺术及园林设计 [M]. 北京：中国建筑工业出版社，2011.

41. 计成 . 园冶注释 [M]. 陈植注释 . 北京：中国建筑工业出版社，2009.

42. [英] 布莱森 · 劳森 . 空间的语言 [M]. 北京：中国建筑工业出版社，2003.

43. [英] 凯瑟琳 · 迪伊 . 景观建筑形式与文理 [M]. 周剑云译 . 杭州：浙江科学技术出版社，2004.

44. [英] 伯德 . 花境设计师 [M]. 周武忠译 . 南京：东南大学出版社，2003.

45. [挪威] 诺伯格 · 舒尔兹 . 存在 • 空间 • 建筑 [M]. 尹培桐译 . 北京：中国建筑工业出版社，1990.

46. [美] 罗杰斯 . 世界景观设计 [M]. 北京：中国林业出版社，2005.

47. [美] Nancy A.Le szynski. 植物景观设计 [M]. 卓丽环译 . 北京：中国林业出版社，2004.

48. 陈俊愉 . 中国花卉品种分类学 [M]. 北京：中国林业出版社，2001.

49. 陈有民 . 园林树木学 [M]. 北京：中国林业出版社，2001.

50. 郭风平，方建斌 . 中外园林史 [M]. 北京：中国建材工业出版社，2005.

51. 郦芷若 . 西方园林 [M]. 郑州：河南科学技术出版社，2002，303.

52. 陈英瑾，赵仲贵 . 西方现代景观栽植设计 [M]. 北京：中国建筑工业出版社，2006.

53. 陈志华 . 外国造园艺术 [M]. 郑州：河南科学技术出版社，2001.

54. 陈植 . 观赏树木学 [M]. 北京：中国林业出版社，1984.

55. 张家骥 . 中国园林艺术大辞典 [M]. 太原：山西教育出版社，1997，420~421.

56. 吴涤新 . 花卉应用与设计 [M]. 北京：中国农业出版社，1999.

57. 朱秀珍 . 花坛艺术 [M]. 沈阳：辽宁科学技术出版社，2002（1）.

58. 冷平生 . 城市植物生态学 [M]. 北京：中国建筑工业出版社，1995.

59. 徐德嘉 . 园林植物景观配置按画理取裁植物景境（下）[J]. 园林，2011（11）：68~69.

60. 鲜靖苹，郭晖 . 植物在现代城市景观中的作用 [J]. 科技信息，2009（19）：352~353.

61. 屈海燕 . 园林种植设计的初步过程和分析 [J]. 现代园艺，2016（10）：82~85.

62. 潘长彪 . 植物造景中花坛的设计与应用 [J]. 现代农业科技，2012（12）：169~172.

63. 陈继福 . 追求古朴，体现自然——谈清代避暑山庄植物配置艺术特色 [J]. 中国园林，2003，19（12）：19~22.

64. 欧阳见秋 . 浅析中西方哲学思想对传统园林的影响 [J]. 山西建筑，2009（8）：353~354.

65. 徐彼，赵锋，李金路 . 关于城市绿地及其分类的若干思考 [J]. 中国园林，2005.

66. 姚中华等 . 仿自然式植物群落种植设计初探 [J]. 西南园艺，2006(03).

67. 朱建宁 . 自然植物景观设计的发展趋势 [J]. 林业与生态，2006（1）：13.

68. 汤振兴，叶云.园林植物景观空间设计 [J].北方园艺，2007（9）：148~150.

69. 孟兆祯.从来多古意　可以赋新诗——继承和发扬中国园林优秀传统 [J].广东园林，2005（1）：6~7.

70. 李春娇，贾培义，董丽.风景园林中植物景观规划设计的程序与方法 [J].中国园林，2013（6）：93~97.

71. 包志毅，邵锋，宁惠娟.风景园林专业园林植物类课程教学的思考——以浙江农林大学为例 .[J].中国林业教育，2012（2）：58~60.

72. 王竞红.园林植物景观评价体系的研究 [D]：[博士学位论文].哈尔滨：东北林业大学，2008.

73. 王春沐.论植物景观设计的发展趋势 [D]：[博士学位论文].北京：北京林业大学出版社，2008.

74. 李雄.园林植物景观的空间意象与结构解析研究 [D]：[博士学位论文].北京：北京林业大学出版社，2006.

75. 李冠衡.从园林植物景观评价的角度探讨植物造景艺术 [D]：[博士学位论文].北京：北京林业大学出版社，2010.

76. 马军山.现代园林种植设计研究 [D]：[博士学位论文].北京：北京林业大学出版社，2005.

77. 王欣.传统园林种植设计理论研究 [D]：[博士学位论文].北京：北京林业大学出版社，2005.

78. 王美仙.花境起源及应用设计研究与实践 [D]：[博士学位论文].北京：北京林业大学出版社，2009.

79. 陈敏捷.中国古典园林植物景观空间构成 [D]：[硕士学位论文].北京：北京林业大学出版社，2005.

80. 陈琦.植物的文化内涵及其在园林中的应用 [D]：[硕士学位论文].临安：浙江农林大学出版社，2010.

81. 赵庆.园林绿篱的文化解读与设计研究 [D]：[硕士学位论文].南京：南京林业大学出版社，2013.

图片来源

第一章

图 1-2　源自：http：//you.ctrip.com/travels/neimenggu100062/1965126.html

图 1-4　源自：https：//lvyou.baidu.com/pictravel/ec262bf8f5fe70dd35174263

图 1-6　源自：https：//lvyou.baidu.com/pictravel/ec262bf8f5fe70dd35174263

图 1-7 至图 1-26 均源自：https：//image.baidu.com

图 1-27　源自：http：//you.yaochufa.com/funny/v_1750

图 1-29 至图 1-31 均源自：http：//weibo.com/shooteraquarius

图 1-36　源自：http：//you.ctrip.com/travels/shanghai2/1780139.html

图 1-37 至图 1-41 均源自：http：//www.gooood.hk/

图 1-42　源自：http：//www.landscape.cn/

图 1-43　源自：http：//www.landscape.cn/

图 1-46　源自：http：//photo.xitek.com/index.php

图 1-47 至图 1-53 均源自：http：//www.gooood.hk/

图 1-56 至图 1-60 均源自：http：//www.gooood.hk/

图 1-69　源自：http：//www.gooood.hk/

图 1-74　源自：http：//www.landscape.cn/

图 1-75　源自：http：//www.landscape.cn/

图 1-76　源自：http：//www.gooood.hk/

图 1-77　源自：http：//www.gooood.hk/

图 1-80　源自：http：//www.dpm.org.cn/explore/building/236536.html

图 1-82 至 图 1-87 均 源 自：http：//forum.xitek.com/thread-734007-1-1-1.html

图 1-89　源自：http：//forum.xitek.com/thread-734007-1-1-1.html

第二章

图 2-1　选自：西安地方志丛书

图 2-2　选自：钦定热河志

第三章

图 3-1　源自：http：//www.gooood.hk

图 3-4　源自：http：//www.gooood.hk/_d270814941.htm

图 3-9　源自：http：//www.gooood.hk

图 3-10　选自：程大锦. 建筑：形式、空间和秩序 [M]. 天津：天津大学出版社，2005.

图 3-12　源自：http：//www.gooood.hk

图 3-13　选自：程大锦. 建筑：形式、空间和秩序 [M]. 天津：天津大学出版社，2005.

图 3-14　源自：http：//www.landscape.cn/

图 3-15　源自：http：//www.landscape.cn/

图 3-16　源自：http：//www.gooood.hk

图 3-17　源自：http：//www.gooood.hk

图 3-18　选自：程大锦. 建筑：形式、空间和秩序 [M]. 天津：天津大学出版社，2005.

图 3-19　源自：https：//image.baidu.com/search

图 3-20　选自：程大锦. 建筑：形式、空间和秩序 [M]. 天津：天津大学出版社，2005.

图 3-21　源自：http：//www.gooood.hk

图 3-22　源自：http：//www.gooood.hk

图 3-23　选自：程大锦. 建筑：形式、空间和秩序 [M]. 天津：天津大学出版社，2005.

图 3-24　源自：http：//www.gooood.hk

图 3-25　选自：程大锦. 建筑：形式、空间和秩序 [M]. 天津：天津大学出版社，2005.

图 3-29　源自：http：//www.gooood.hk

图 3-30　源自：http：//www.landscape.cn/

图 3-32　源自：https：//image.baidu.com

图 3-33　源自：http：//qcyn.sina.com.cn/travel/jxyn/2013/0423/154856130358_5.html

图 3-34　源自：https：//image.baidu.com

图 3-35　源自：http：//www.gooood.hk

图 3-36　源自：http：//www.gooood.hk

图 3-39　源自：http：//www.gooood.hk

图 3-40　源自：http：//www.gooood.hk

图 3-42　源自：http：//www.gooood.hk

图 3-44　源自：http://photo.xitek.com/

图 3-46　源自：http://www.gooood.hk

图 3-47　源自：http://www.landscape.cn/

图 3-55　源自：http://www.gooood.hk

图 3-60　源自：http://www.gooood.hk

图 3-69　源自：http://www.gooood.hk

图 3-70　源自：http://www.gooood.hk

图 3-71　源自：https://image.baidu.com

图 3-72　源自：https://image.baidu.com

图 3-78　源自：http://www.gooood.hk

图 3-82　王俊摄

图 3-83　源自：http://photo.xitek.com/

图 3-85　源自：http://www.gooood.hk

图 3-86　王俊摄

图 3-87　源自：http://www.gooood.hk

图 3-91　选自：李雄.园林植物景观的空间意象与结构解析研究，北京：北京林业大学，2006，123.

图 3-92　选自：李雄.园林植物景观的空间意象与结构解析研究，北京：北京林业大学，2006，124.

图 3-93　选自：李雄.园林植物景观的空间意象与结构解析研究，北京：北京林业大学，2006，125.

图 3-95 至 图 3-98 均 源 自：http://mp.weixin.qq.com/s/geROMYMmVHE7iiF2TlXtZQ

第四章

图 4-2　源自：https://image.baidu.com

图 4-3 至 4-13 均 源 自：http://forum.xitek.com/thread-734007-1-1-1.html

图 4-14　源自：http://blog.sina.com.cn/s/blog_613b13a40102vcgy.html

图 4-15 至 4-21 均源自：http://forum.xitek.com/thread-734007-1-1-1.html

图 4-24 至 4-31 均 源 自：http://forum.xitek.com/thread-734007-1-1-1.html

图 4-32　源自：http://forum.xitek.com/thread-734007-1-1-1.html

图 4-33　源自：http://photo.xitek.com

图 4-34 至 4-60 均 源 自：http://forum.xitek.com/thread-734007-1-1-1.html

图 4-63 至 4-67 均源自：http：//forum.xitek.com/thread-734007-1-1-1. html

图 4-68　源自：www.zhiwuwang.com

图 4-69　源自：http：//www.xitek.com/

图 4-70　源自：http：//www.bokeyz.com/group.asp?cm d=show&gid=14&pid= 139137

图 4-71- 图 7-73 均源自：http：//www.xitek.com/

图 4-75　源自：http：//www.xitek.com/

图 4-76　源自：http：//blog.sina.com.cn/s/blog_608c6e330102uyrz.html

图 4-77 至 4-105 均源自：http：//forum.xitek.com/thread-734007-1-1-1. html

图 4-108　源自：http：//forum.xitek.com/thread-734007-1-1-1.html

图 4-109　源自：http：//forum.xitek.com/thread-734007-1-1-1.html

图 4-111　源自：http：//forum.xitek.com/thread-734007-1-1-1.html

图 4-114 至图 4-125 均源自：https：//image.baidu.com

图 4-126　源自：http：//www.gooood.hk

图 4-127 至图 4-129 均源自：https：//image.baidu.com

图 4-131　源自：http：//www.gooood.hk

图 4-134 至 图 4-155 均 源 自：http：//forum.xitek.com/thread-949607- 1-1-1.html

图 4-159　源自：http：//www.gooood.hk

图 4-162　源自：www.huantaoyou.com

图 4-166 至图 4-169 均源自：http：//www.xitek.com/

图 4-172　选自：赵世伟，张佐双 . 园林植物景观设计与营造 [M]. 北京： 中国城市出版社，2001.

图 4-173　源自：http：//photo.xitek.com

图 4-174　源自：http：//forum.xitek.com/thread-94960-1-1-1.html

图 4-175 至 图 4-185 均 源 自：https：//mp.weixin.qq.com/s/ M5cr4xzJaZ4a3ZaVSD3NzA

图 4-187　源自：http：//www.gooood.hk

第五章

图 5-1　源自：http：//www.gooood.hk

图 5-4　源自：photo.xitek.com

图 5-7　源自：photo.xitek.com

图 5-8　源自：photo.xitek.com

图 5-9 　源自：http：//photo.xitek.com/photoid/778709

图 5-10 　源自：https：//image.baidu.com

图 5-13 　选自：徐德嘉·园林植物景观配置：按画理取裁植物景境（下）

图 5-14 至图 5-17 均源自：http：//www.gooood.hk

图 5-20 　源自：http：//www.gooood.hk

第六章

图 6-1 　源自：https：//image.baidu.com

图 6-3 　源自：photo.xitek.com

图 6-4 　源自：http：//blog.sina.com.cn/s/blog_a234330b0102vodb.html

图 6-5 　源自：http：//www.gooood.hk

图 6-6 　源自：http：//blog.sina.com.cn/s/blog_67e176b50101c1df.html

后记

　　本书在编写过程中得到了许多老师与友人的帮助。感谢江南大学设计学院博士生导师辛向阳教授及江南大学设计学院教学督导陈新华教授在百忙之中为本书作序。感谢给予无私帮助的代福平老师、魏娜老师、林瑛老师和张笑言老师。感谢曾盛旗同学为本书所做的大量工作。

　　本书在编写过程中参阅了一些国内外公开出版的书籍及中国知网收录的文献，在此向相关著作者表示衷心的感谢！本书采用了部分网站的图片资源，由于条件有限无法与你们及时联系，在此表示感谢！

　　尽管编者已做了很大的努力，但疏漏和错误在所难免，敬请专家和广大读者指正并多提宝贵意见，以便今后进一步提高。